建设工程招标投标

热点难点问题解析

安徽省建筑工程招标投标协会
安徽公共资源交易集团有限公司　　编
安徽安天利信工程管理股份有限公司

主　编　牛　豫

副主编　何传波　刘先杰　张　珏　柏　娟　伍传高

参　编　何　平　张　冲　冯　渐　唐　波　王　磊
　　　　郭世杰　张　松　李慧英　张晓燕　吴大江
　　　　袁栋文　胡浠冰　郑贤坦　苏　浩　陈　宇

时代出版传媒股份有限公司
安徽科学技术出版社

图书在版编目(CIP)数据

建设工程招标投标热点难点问题解析 / 牛豫主编.
--合肥:安徽科学技术出版社,2023.4
ISBN 978-7-5337-8659-5

Ⅰ.①建… Ⅱ.①牛… Ⅲ.①建筑工程-招标-问题解
答②建筑工程-投标-问题解答 Ⅳ.①TU723-44

中国版本图书馆 CIP 数据核字(2022)第 249475 号

建设工程招标投标热点难点问题解析   主编 牛 豫

出 版 人:丁凌云   选题策划:李志成   责任编辑:李志成
责任校对:沙 莹   责任印制:梁东兵   装帧设计:王 艳
出版发行:安徽科学技术出版社   http://www.ahstp.net
        (合肥市政务文化新区翡翠路 1118 号出版传媒广场,邮编:230071)
        电话:(0551)63533330
印   制:安徽联众印刷有限公司   电话:(0551)65661327
(如发现印装质量问题,影响阅读,请与印刷厂商联系调换)

开本:720×1010 1/16   印张:10.5   字数:160 千
版次:2023 年 4 月第 1 版   2023 年 4 月第 1 次印刷

ISBN 978-7-5337-8659-5   定价:39.00 元

目　录

03

投标阶段

04

开标阶段

05

评标阶段

06

公示阶段

07

异议投诉阶段

08
合同签订阶段

09
合同履约阶段

10
其他重要事项

附录

前　言

招标投标制度是社会主义市场经济体制的重要组成部分。《中华人民共和国招标投标法》颁布实施20多年来，特别是党的十八大以来，伴随着中国特色社会主义市场经济不断向纵深推进，招标投标制度日趋完备，对规范招标投标活动，优化资源配置，提高采购质量效益，预防惩治腐败发挥了重要作用。

建设工程招标投标因项目投资额大、合同履约周期长、建设成果影响广等特点备受社会各界关注。实践中，能够依据法律法规规定，结合工程项目特点和专业技术要求，及时、准确、妥善研判和处理招标投标活动中遇到的问题及纠纷，是充分发挥招标投标制度在工程建设中的重要作用，保护活动当事人合法权益，维护正常市场秩序的现实需要，也是对建设工程招标投标从业人员的能力需求。

安徽省建筑工程招标投标协会作为安徽最早成立的全省性招标投标社会组织，多年来立足为行业提供法规性、政策性、专业性、技术性的服务与指导，帮助广大会员单位从业人员提升招标投标工作水平和能力。为认真学习贯彻党的二十大会议精神，推进招标投标行业高质量发展，协会结合党史学习教育"我为群众(会员)办实事"活动成果，联合安徽公共资源交易集团有限公司、安徽安天利信工程管理股份有限公司，组织相关专业人士编写了这本《建设工程招标投标热点难点问题解析》。编者以日常接触和处理过的大量咨询、异议、投诉案例为基础，参照法律法规条文规定及释义，采取一问一答的形式对建设工程招标投标活动中相关热点、难点、重点问题进行梳理并作理性分析和阐释，提出解答疑问、解决纠纷的观点和思路，力求有法可依，有据可循，简洁明了，通俗易懂，既方便读者快速学习和掌握，也利于从业人员实际工作参考与借鉴。

本书在编写和修订过程中，得到了张道祥、余国海、陈梅、邱尚、王向东、陈思铎、庄恒书、钱捍、曹勇等招投标行业专家的诸多指点与建议，在此一并致谢。

由于法规政策的更新，事物的发展，以及认识上的差异等，本书内容难免存在不完善、不如意甚至不正确之处，敬请批评指正。

踔厉奋发，惟愿进步，衷心希望建设工程招标投标事业更加科学、健康、有序发展。

编者

2023 年 4 月

01

>>

招标准备**阶段**

1 公开招标二次招标失败是否可变更招标方式？

某招标项目一次公开招标后因投标人少于三个，招标人宣布招标失败，重新招标后投标人仍少于三个，因此再次招标失败。事后，招标人报经原审批部门批准后改用其他方式确定了项目中标人，此种做法是否妥当？

【解析】

《工程建设项目施工招标投标办法》第三十八条第三款规定：提交投标文件的投标人少于三个的，招标人应当依法重新招标。重新招标后投标人仍少于三个的，若属于必须审批的工程建设项目，报经原审批部门批准后可以不再进行招标；若为其他工程建设项目，招标人可自行决定不再进行招标。

上述问题在招标投标流程上合规合理，但为什么两次招标均会失败？是否招标文件在投标人资格条件设置上有不完善之处？改用其他方式定标时应采用何种方式？

笔者认为：两次招标均失败应首先找出失败的原因是什么，是否为对市场上潜在投标人资质资格情况了解得不透彻，资格条件设置得不合理，造成了报名投标家数过少？如某大型工程建设项目要求一家投标人须同时具备多个施工总承包资质和专业分包资质，造成了投标人资格不符合市场情况而致无人投标；还是资格条件设置过高，评标标准过于苛刻，客观上造成了排斥潜在投标人的情形？如要求投标人具备过高的业绩证明等。

综上，在设置招标条件时，招标人应摸清市场情况，合理设置投标人资格条件要求，使投标人数量满足竞标要求。在第一次招标失败后，招标人应认真总结，及时调整资格条件设置，重新招标。如确实因项目特殊导致两次招标均失败，应根据市场情况，经原项目审批部门批准后，采取其他合法的采购方式合理合规地确定中标人。

2 涉密项目的招标方式如何确定?

某一大型国企新建办公楼,决定对单位机要室进行设计装修并购置一批配套设备。该单位保密工作委员会经会议研究认为该机要室涉及某些保密职能,决定采用邀请招标的方式,后项目审批部门不予认可,并在招标方式上批示按照公开招标方式进行。请问涉密项目的招标方式如何确定?

【解析】

《中华人民共和国招标投标法》第六十六条规定:涉及国家安全、国家秘密,不适宜进行招标的项目,按照国家有关规定可以不进行招标。《中华人民共和国保密法》第十一条规定:国家秘密及其密级的具体范围,由国家保密行政管理部门分别会同外交、公安、国家安全和其他中央有关机关规定。军事方面的国家秘密及其密级的具体范围,由中央军事委员会规定。这条规定赋予了外交、公安、国家安全机关和军队单位全部或部分定密权,上述单位在招标投标实践中往往直接认定本单位的招标投标项目是否属于涉密项目。除上述单位外,一些没有定密权的单位,在招标工作中仅仅依靠本单位保密工作委员会的文件,就将一些招标项目认定为涉密项目,其所持的依据是《中华人民共和国保密法》第十四条:机关、单位对所产生的国家秘密事项,应当按照国家秘密及其密级的具体范围的规定确定密级,同时确定保密期限和知悉范围。

综上,笔者认为:由于招标投标程序的专业性,各单位从事业务工作的人员对于招标过程中的哪些环节存在信息安全隐患、如何保护招标投标中产生的信息的安全并不十分清楚,这种自我认定,特别是不具有定密权的单位进行自我认定是不妥当的。同时,一些保密单位可能招标一些非保密工程,非保密单位也可能因工作需要新建一些保密工程,招标项目是否涉密应由同级保密机关认定,而与项目相关的招标投标流程是否按涉密处理,则应将招标方案及保密机关认定的结果报项目审批部门认可。

3 **某民营企业新建办公楼自愿采取公开招标方式是否适用《中华人民共和国招标投标法》？**

　　某民营企业新建办公楼，采取公开招标方式，能否不按照《中华人民共和国招标投标法》执行，而是自行制定相对比较灵活的招标投标规则以提高效率？

【解析】

　　《中华人民共和国招标投标法》第二条规定：在中华人民共和国境内进行招标投标活动，适用本法。《中华人民共和国招标投标法释义》对第二条指出：凡在我国境内进行的招标投标活动，不论是否属于该法第三条规定的法定强制招标项目，还是属于由当事人自愿采用招标方式进行的采购项目，其招标投标活动均适用本法。同时，《中华人民共和国招标投标法》第三条规定了强制招标项目类型及强制招标项目范围。

　　综上，笔者认为：《中华人民共和国招标投标法》同样适用于非依法必须招标的项目。不过，从本法的规定看，有许多条是针对强制招标而言的，例如本法第二十四条规定：招标人应当确定投标人编制投标文件所需要的合理时间；但是，依法必须进行招标的项目，自招标文件开始发出之日起至投标人提交投标文件截止之日止，最短不得少于二十日。《中华人民共和国招标投标法实施条例》第三十二条规定：招标人不得以不合理的条件限制、排斥潜在投标人或者投标人。招标人有下列行为之一的，属于以不合理条件限制、排斥潜在投标人或者投标人：（三）依法必须进行招标的项目以特定行政区域或者特定行业的业绩、奖项作为加分条件或者中标条件。换言之，依法必招项目的程序要求比非依法必招项目更为严格；而非依法必招项目的选择余地更大，如在编制招标文件时，可将从招标文件发售到递交投标文件截止的时间由法定的20天缩短到10天，可以要求投标人只提供本地工程类奖项作为加分条件等。

4 公路建设项目国有资金投入不足 200 万元是否必须招标？

某公路建设项目私有资金投入 2 000 万元，财政预算资金投入 180 万元，项目审批部门要求公开招标。招标人不解，认为根据《必须招标的工程项目规定》(发改委令第 16 号)，该项目未达到"使用预算资金 200 万元人民币以上，并且该资金占投资额 10% 以上的项目"标准，可以不招标，请问此理解是否正确？

【解析】

该问题是对《必须招标的工程项目规定》(发改委令第 16 号)第四条的理解认定问题。该文件第四条规定：不属于本规定第二条、第三条规定情形的大型基础设施、公用事业等关系社会公共利益、公众安全的项目，必须招标的具体范围由国务院发展和改革委员会有关部门会同国务院其他相关部门按照确有必要、严格限定的原则制定，报国务院批准。2018 年 6 月 6 日，国家发展和改革委员会发文《必须招标的基础设施和公用事业项目范围规定》(发改法规〔2018〕843 号)，对第 16 号令第四条予以解释。必须招标的工程项目包括以下五类。这五类是：(一)煤炭、石油、天然气、电力、新能源等能源基础设施项目；(二)铁路、公路、管道、水运，以及公共航空和 A1 级通用机场等交通运输基础设施项目；(三)电信枢纽、通信信息网络等通信基础设施项目；(四)防洪、灌溉、排涝、引(供)水等水利基础设施项目；(五)城市轨道交通等城建项目。

显然，本问题中公路建设项目合同金额 2 180 万元。第 16 号令第五条规定：本规定第二条至第四条规定范围内的项目，其勘察、设计、施工、监理以及与工程建设有关的重要设备、材料等的采购达到下列标准之一的，必须招标：(一)施工单项合同估算价在 400 万元人民币以上。因此，本项目根据规定必须招标。

综上，笔者认为：2018 年 6 月 1 日实行的《必须招标的工程项目规定》对原必须招标的范围和标准进行了大幅修改，在实践中如何正确理解和执行该规定，是当前招标投标市场各方主体和监管部门十分关注的问题。如果本项目为市政道路工程类型,私有资金投资 2 000 万元,财政预算资金投入 180 万元,无论是从资金性质还是项目范围似乎都不属于必须招标的工程项目,可以不招标。但作为公路建设项目,尽管从资金性质上看不属于必须招标的项目,但项目范围属于必须招标的基础设施和公用事业项目,且达到了第 16 号令第五条规定的规模标准,因此必须招标。

5 **在建工程追加的附属工程且承包人未发生变更的是否可以不进行施工招标？**

某小区安置房工程施工进度过半，根据原招标计划安排，小区一附属工程因项目招标初期图纸设计未到位，考虑到回迁进度，并没有和小区主体工程一同招标，现该附属工程图纸设计已完成，建设单位决定交由小区主体施工单位一并施工完成。但行业主管部门不予批准，认为该附属工程造价较高，应予以公开招标。请问行业主管部门的处理是否正确？

【解析】

《房屋建筑和市政基础设施工程施工招标投标管理办法》(建设部令第89号)第十条规定：工程有下列情形之一的，经县级以上地方人民政府建设行政主管部门批准，可以不进行施工招标：(三)在建工程追加的附属小型工程或者主体加层工程，且承包人未发生变更的。根据该条款规定，对在建工程追加的附属工程项目不招标，应明确两个前提条件：

一是附属小型工程。《注册建造师执业工程规模标准(房屋建筑工程)》对小型工程有以下定义，见表1。

表1 小型工程的定义

工程类别	项目名称	单位	规模(小型)	备注
一般房屋建筑工程	工业、民用与公共建筑工程	层	<5	建筑物层数
		米	<15	建筑物高度
		米	<15	单跨跨度
		米²	<3 000	单体建筑面积
	住宅小区或建筑群体工程	米²	<3 000	建筑群建筑面积
	其他一般房屋建筑工程	万元	<300	单项工程合同金额

因此,对于建筑面积在 3 000 米² 以下或合同金额在 300 万元以下的项目,可以认定为附属小型工程,按照规定可以不组织招标,由原承包人施工。

二是主体加层工程。由于加层工程的特殊性,很可能是项目已投入使用若干年后,由于使用需求加大,需要在原主体上增加层数,且加层数量受原主体结构设计影响,不可能有很多层,往往就增加一层而已。对于这样的工程,也可以不招标而由原承包人施工。

综上,笔者认为:要牢牢把握"在建工程追加的附属小型工程或者主体加层工程,且承包人未发生变更的"这一前提条件,勿要把主体追加的附属工程变成规避招标的借口。

6 **对应当依法公开招标而采用邀请招标的项目是否应当判定为招标无效？**

某工程项目招标中，招标人因时间紧，未按照项目批复要求采取公开招标，而是邀请了5家行业内实力较强的施工企业参与投标并确定了中标人。事后行业主管部门收到投诉，称招标人对依法应当公开招标的项目采用了邀请招标，应当判定为招标无效，请问如何处理？

【解析】

《中华人民共和国招标投标法实施条例》第六十四条规定：招标人有下列情形之一的，由有关行政监督部门责令改正，可以处10万元以下的罚款：（一）依法应当公开招标而采用邀请招标；对单位直接负责的主管人员和其他直接责任人员依法给予处分。但该条例并未规定此种情形招标无效，只是处以罚款和追究相关当事人的责任。有的读者会认为，这种公开招标改为邀请招标造成了排斥潜在投标人的情形，使招标不具备竞争性，应当重新招标。

《中华人民共和国招标投标法实施条例》第八十二条规定：依法必须进行招标的项目的招标投标活动违反招标投标法和本条例的规定，对中标结果造成实质性影响，且不能采取补救措施予以纠正的，招标、投标、中标无效，应当依法重新招标或者评标。该条款释义中指出可能导致招标无效的违法行为主要有但不限于以下几种情形：（二）应当公开招标而邀请招标。

综上，笔者认为：判定问题中提到的情形是否定为招标无效，应当抓住三个方面：一是有无违反法律法规的规定，问题中采用邀请招标方式显然没有发布招标公告；二是有无对中标结果造成实质性影响，问题中邀请的5家企业虽均为行业内实力较强的企业，但是可能还有更多的实力较强的企业未能参与投标，因此可能对中标结果造成实质性影响；三是能否采取补救措施予以纠正，问题中已确定中标人，则已不能采取补救措施予以纠正。因此，该情形应当被判定为招标无效。招标被确认无效的,依法必须招标项目的招标人应当重新招标。在实际工作中,对于此类问题的最佳处理方式,应该是依据法律法规在各环节及时处理,不必等到中标候选人推荐出来后再行认定。

02 >>

招标
阶段

7 招标文件中对投标人业绩所属项目类型应如何认定？

某项目招标文件要求投标人需提供一项近3年市政道路工程业绩，且单项合同金额不低于5 000万元。某投标人提交的合同为一轨道交通工程，其中涉及路面工程，合同金额超过5 000万元，同时提供了该项目的一份补充合同，该合同内容为4条道路合计金额超过了5 000万元。该投标人认为轨道交通工程中涵盖的路面工程业绩或者是补充合同业绩均符合要求，此做法为"双保险"，而评标委员会对此认可存在分歧。请问该业绩是否符合招标文件要求？

【解析】

《招标投标法实施条例释义》第六条规定：招标人自主决策的事项中含是否进行资格预审、是否编制标底、是否允许联合体投标、是否进行总承包、何时开标、选择什么样的评标标准和方法等。以上事项均为招标文件所包含的核心内容。本着招标文件"谁编制，谁解释"的原则，招标人及其代理机构应对项目需求（其中含业绩需求情况）明确了解。

本问题中评标委员会对该投标人提供的业绩存在分歧，主要集中在两个方面。一是招标文件要求提供的是城市道路工程这一单项合同业绩，该投标人提供的是轨道交通工程中涵盖的路面工程业绩，是轨道交通工程这一单项合同中的部分工程内容，合同标的不一致；二是其补充合同虽是一份单独合同，但合同内容是4条道路工程的汇总，甚至可以理解为一个大合同中包含了4个小合同。虽然总金额符合要求，但这4条道路的质量标准是否与1条单独道路的质量标准相一致是值得商榷的问题。

综上，笔者认为：一方面招标人及其代理机构在本着对项目充分了解的基础上提出投标人的业绩要求，对提供的各类业绩应具备常规的判定意见。结合本问题，招标人应了解该项目的实际需求，对投标人提供的各类业绩应有明确的认识，即该项目需要哪一类的业绩招标人应做到心中有数。评标委员会在评审中,可要求招标人或招标代理机构对此做出解释说明,评委依据自身的专业意见进行评判。另一方面要求招标代理机构需不断提升业务水平,在招标文件的编制上,从专业的角度提醒招标人对某些事项尽可能阐述清楚,特别是对投标人的要求方面应更为细化,以避免增加后期评标过程中的工作量。

8 招标文件中对投标人业绩包含工程范围应如何认定？

　　某医院项目招标文件要求投标人需提供一项合同金额不低于 5 000 万元的医院医疗类业绩。投标人 A 提供了一份合同金额 6 000 万元的医院工程合同，被评标委员会判定为不符合要求，理由是该合同内容包括门诊楼、办公楼、食堂等 3 个单体工程，办公楼、食堂工程不具有医疗用途，不符合招标文件业绩要求。投标人 A 对此提出异议，认为该合同所含门诊楼、办公楼、食堂工程属医院配套工程，属于医院医疗类业绩，不应判定为业绩无效。请问评标委员会应如何认定？

【解析】

　　本问题与前款问题较为类似，均属于招标文件中对类似业绩描述较为笼统而导致的争议。本问题中，招标人并未对医院医疗类业绩做出详细的规定，只是在金额方面提出了明确要求，在业绩工程属性上的描述过于简单；如果能够进一步说明医院医疗类业绩仅包含医疗用途（如门诊、急诊、住院、康复或检查等用途）的建筑工程项目，则不会在评标过程中引发争议。

　　因此，在设定业绩条件时，招标人应充分考虑项目特点，尽可能多描述与所招项目相同或类似条件作为约束条件，而不是泛泛地进行描述。招标文件是由专业的代理机构负责编制，应建立层级审核制，对某些关键条款分级把关。如本问题所提到的业绩要求，仅凭编制者个人是难以预见所有投标人之所想的，对投标人可能提供的各类型业绩仅凭一己之力更是难以预判。唯有如此，才能尽量减少争议，使招标工作更加切合实际，符合项目建设的根本要求。

9 **招标文件中对项目经理有无"在建工程"的类似要求应如何正确表述?**

近年来,在建设工程项目施工招标投标活动中,围绕投标人填报的项目经理是否有"在建工程"的异议、投诉或举报等争议屡见不鲜,影响了招标投标活动的正常进程,处理的结果有时还非议颇多,难以令人信服。招标文件中对"在建工程"的类似要求应如何表述才更为准确?

【解析】

《中华人民共和国招标投标法》第二十七条第二款规定:招标项目属于建设施工的, 投标文件的内容应当包括拟派出的项目负责人与主要技术人员的简历、业绩和拟用于完成招标项目的机械设备等。《注册建造师管理规定》第二十一条第二款规定:注册建造师不得同时在两个及两个以上的建设工程项目上担任施工单位项目负责人。此款规定属于建筑活动的管理范畴,对注册建造师担任施工单位项目负责人的项目个数进行了严格限制,旨在加强对注册建造师的执业管理,促使其将主要的时间和精力投入到某一项建设工程项目的施工管理上,以此提高工程项目管理水平,保证工程质量和安全。

实践中,招标人在组织招标投标活动时,经常把要求投标人填报项目经理无"在建工程"直接写入招标文件,作为实质性内容,要求潜在投标人或投标人必须响应, 其初衷多为以此督促中标人拟派的项目经理能够到岗履职尽责,从而保证工程建设能够顺利有序进行。但很多时候,招标人在招标文件中既没有对"在建工程"做出解释,也没有就何种情形属于"在建工程"进行说明,投标人在递交投标文件前,往往也没有就此提出疑问或异议,评标委员会在评标过程中也很难发现投标人拟派项目经理是否有"在建工程"。由此,中标候选人拟派的项目经理是否有"在建工程"成为其他投标人和利害关系人关注和打探的焦点。中标候选人公示期间,通过各种途径和手段去发现和证实中标候选人拟派的项目经理有无"在建工程"成为其他投标人和利害关系人的一种自发行为。因对项目建设过程中构成对认定有无"在建工程"的时间、节点等的理解各异，有认为处于被推荐为中标候选人的，有认为领取了中标通知书的，有认为签订了合同的，有认为领取施工许可证的，有认为发了开工令的，等等。于是乎，不断有人据此向招标人递交关于对评标结果的异议。此时，招标人才猛然意识到招标文件中项目经理无"在建工程"内容的分量之重，对中标结果将造成实质性影响。面临取舍抉择，答复异议，招标人就必须要对有无"在建工程"做出解释和说明。很显然，因为没有法律法规或统一的标准、规范等支撑，在争议焦点面前，一切事后的解释和说明都显得苍白无力，甚至枉然，难以令人信服，异议人或中标候选人转而向行政监督部门提出投诉。即使有些招标人做出解释或说明，勉强答复了异议，但是依照其解释和说明，作为竞争主体的投标人和利害关系人之间又产生了新的争议，有的再行提出异议，有的直接提出投诉，甚至有的做出举报行为，直接影响了招标投标活动的顺利进行。

笔者认为，要做好对项目经理有无"在建工程"争议的防范，应做到以下几点：

（1）合理设定投标人拟派项目经理的资格条件。建设工程施工项目招标投标，在招标文件中对投标人拟派项目经理的资格条件的设定，除符合法律法规的规定外，还应与招标项目的具体特点和实际需要相适应。招标人一般需注重对拟派项目经理的执业资格、专业职称、技术职务以及完成的类似项目业绩的考核，以考量其是否具备担任投标施工项目管理任务的技术和能力。招标人如脱离招标项目的具体特点和实际需要，随意和盲目地设定投标人拟派项目经理的资格条件，不仅属于法律禁止的限制、排斥潜在投标人或者投标人的行为，更可能导致潜在投标人或投标人的被动响应或盲从，派遣其正在担任项目施工管理任务、资格条件较好的建造师作为拟派项目经理参与投标，以增加成为中标候选人或中标人的概率。由于拟派的项目经理正在担任其他工程项目施工管理任务，其中标候选人或中标人的资格必然引起其他投标人和利害关系人的高度关注，项目经理有"在建工程"的异议或投诉就由此产生。

（2）严格约定投标人拟派项目经理必须到岗履职。项目经理到岗履职，属于中标人在建设工程施工合同履行期间应该履行的义务和职责。在招标投标活动阶段，中标人尚未确定时，要求所有投标人在投标时将拟派项目经理完全从在岗项目上卸任下来，"净身"参与投标，不太现实，毕竟最终的中标人只有一个。因此，招标人不宜在此阶段将投标人拟派项目经理无在岗项目作为实质性要求写入招标文件，以避免造成投标人之间的相互关注和打探，甚至由此产生的异议和投诉等从而对招标投标活动的正常秩序造成影响。此时，招标人应该注重对投标人拟派项目经理资格条件的比较和考查。如果实在担心投标人拟派项目经理在合同履行期间不能到岗，可以在招标文件和施工合同中进行严格的约定，如非法定情形中标人不得更换项目经理，并明确约定若符合法定更换情形则重新派出的项目经理应该符合的条件，以及拟派项目经理不能到岗履职应该承担的责任等。这样，关于项目经理有无在岗项目的争议就由多方主体变成了招标人与中标人双方主体，由招标投标过程中转移至中标合同履约期间，实际解决也显得较为单纯和容易。

（3）对项目经理"在建工程"进行准确定义或情形描述。笔者在处理招标投标投诉过程中，与招标人进行交流时，得知多数招标人缺乏经验，在资格预审文件或招标文件中提出项目经理无"在建工程"的实质性要求，想要在招标投标阶段从源头上防范和解决项目经理由于有"在建工程"而导致其在中标后不能到岗的问题。殊不知，因招标文件中对"在建工程"缺少具体定义或情形描述，此实质性要求常被各投标人自行理解和响应，非但没有达到招标人的初衷，反而成了其他投标人和利害关系人提出异议和投诉的焦点问题。解铃还须系铃人，笔者认为招标人如果想达到初衷，就必须在招标文件的编制上下功夫，使用规范、严谨、准确、精练的语言，对"在建工程"进行准确定义或情形描述。例如，《公路工程标准施工招标文件》（2018年版）中要求项目经理无"在岗项目"，即"项目经理目前未在其他项目上任职，或虽在其他项目上任职但本项目中标后能够从该项目撤离"，并规定"如项目经理目前仍在其他项目上任职，则投标人应提供由该项目发包人出具的、承诺上述人员能够从该项目撤离的书面证明材料原件"。据此，通过对投标人进行准确明示和正确引导，避免出现歧义，引起争议。

项目经理是否有"在建工程"本无可厚非,但若被招标人作为实质性要求写入资格预审文件或招标文件中,成为要约,就容易成为其他投标人和利害关系人纷扰和争议的焦点,对整个招标投标活动产生重大影响,甚至直接决定了招标投标工作的成与败。对此,招标人应该提高认识,正确对待,认真谋划,慎之又慎。

10 **招标文件中"投标文件未对招标文件的实质性要求做出响应则应当否决其投标"的表述中,"实质性要求"包括哪些?**

　　某代理机构项目负责人小王在编制招标文件过程中,对于涉及"否决其投标"这类的条款中,添加了"投标文件未响应招标文件的实质性要求"一条。本着对招标文件编制的严谨性,小王希望对"实质性要求"予以详细的描述。请问"实质性要求"包含哪些内容?

【解析】

　　对于"实质性要求",全国人大法工委 1999 年版的《招标投标法实用问答》中讲到实质性内容包括投标文件中记载的投标报价、主要技术参数、交货或竣工日期等主要内容。《招标投标法实施条例释义》对《中华人民共和国招标投标法实施条例》第五十一条的释义中讲到实质性要求为根据招标项目的具体特点和需要,将对合同履行有重大影响的内容或因素设定为实质性要求和条件,如招标项目的质量要求、工期(交货期)、技术标准和要求、合同主要条款、投标有效期等。第五十七条释义中讲到实质性要求是指招标人和中标人订立的合同的主要条款,包括合同标的、价款、质量、履行期限等实质性内容,应当与招标文件和中标人的投标文件一致。

　　综上,笔者认为:"实质性要求"是与"非实质性要求"相对应的,招标文件中不应过分强调签字、装订、密封、包装等细节,否则就偏离了招标投标活动的目的本身;另外,招标文件中对"否决其投标"条款应集中载明,以便于投标人清楚识别,避免投标文件被错误否决,影响竞争效果。

11 招标文件中能否将行业协会奖项设置成加分项?

　　某建筑工程项目招标文件中奖项设置加分条件中规定:获得全国建筑工程质量奖的加 5 分,省级建筑工程质量奖的加 3 分,市级建筑工程质量奖的加 1 分。结果在评标过程中,很多投标人提供的奖项多注明为各级建筑行业协会颁发的奖项,且不少颁奖协会都不曾耳闻,甚至在网上都很难查到。请问对于此类奖项加分情况,招标人应如何设置?

【解析】

　　招标文件中设置奖项加分的情况较为常见,特别是在一些大型工程采用综合评估法时更为常用,但由此引发的各类奖项认定方面的质疑也较为多见。主要分为以下三个方面:

　　一是设定与招标项目类型无关或关系不大的奖项作为加分条件。如在建筑工程项目招标中设置非建筑行业颁发的各类奖项,比如房建工程招标中设置化工行业、交通行业等各类奖项作为加分条件。

　　二是设定某些特定区域的奖项作为加分条件。如对于省级建筑工程奖项只允许对"黄山杯"加分,而对"泰山杯"则不加分,这构成了排斥潜在投标人现象。

　　三是设定奖项加分条件过于笼统,造成招标人自己无法辨识。如本问题中说到的投标人提供的各级行业协会颁发的奖项令招标人无法辨别真伪,影响了评标效果。

　　综上,笔者认为:招标文件中设置以往业绩奖项作为加分条件是肯定投标人业务能力的一条重要措施,但如何科学有效地表述则更为关键。随着行业主管部门"放管服"进一步深入,为切实落实监管责任,各类原本由主管部门颁发的建筑工程质量奖逐步交由行业协会组织颁发。与此同时,社会上也存在各类机构打着某某行业协会的名义自行颁发各种奖项,造成了鱼目混珠的乱象。因此,应提醒招标人注意:一是在编制招标文件的过程中,对于奖项加分条款的设置切莫笼统叙述置之,要清楚项目需求是什么、哪些奖项适合本次招标要求,这样对其他非本行业的奖项就可先行筛选。二是不应指定特定区域的奖项，如设定对省级奖项加分，则可表述为"黄山杯"同等奖项加分，因为"黄山杯"的评选办法中规定"黄山杯"是安徽省建筑工程质量最高奖。这类省级建筑工程质量最高奖每个省只有一个，这样表述既不会造成歧义，也不会造成排斥潜在投标人现象。三是对于社会上存在的各类协会颁发的行业类奖项，招标人可咨询专业机构予以了解，而且由于正规的行业协会奖项数量屈指可数，且具有一定的社会影响力，条件允许的话可在招标文件中直接列明，如房建施工总承包项目招标中对国家级的建筑工程奖项可列明"中国建设工程鲁班奖""中国土木工程詹天佑奖"等，对省级建筑工程奖项可列明"黄山杯"等省级建筑工程质量最高奖，这样也对其他鱼目混珠的奖项做到了抵制。至于颁奖的行业协会，必须是国内依法登记注册的，以中国社会组织网或中国社会组织公共服务平台查询结果为准，并提供查询截图，否则对其颁发奖项不予认可。

12 招标文件对同一事项要求表述前后不一致时应如何处理？

某招标代理机构在一项目招标的中标候选人公示阶段遭到了一家投标人的异议：招标文件中"投标人须知"要求拟任项目经理需提供近3年类似业绩，而"评标办法"商务评审表中对拟任项目经理是否提供的是近2年类似业绩进行打分。因开标前无投标人对此提出异议，请问该代理机构如何处理？

【解析】

本次异议的根本原因是招标文件前后矛盾，这在实际工作中时有发生，因此招标代理机构在编制招标文件时，必须细致核对相关内容的一致性。招标文件属于要约邀请法律文件，是希望他人向自己发出要约的意思表示，其目的是吸引投标。由于招标投标活动的特殊性，投标人必须符合招标文件提出的实质性要求和条件。根据《中华人民共和国招标投标法》第四十六条的规定，投标人一旦中标，招标人和中标人应当按照招标文件和中标人的投标文件订立书面合同。

可见，虽然招标文件在法律性质上属于要约邀请，但投标人据此编制投标文件，对招标人和中标人都具有一定的法律约束力。因此，招标文件的科学合理性就显得尤为重要，代理机构在编制完招标文件后，务必要仔细检查，确保招标文件准确无误。

招标文件中存在矛盾冲突条款时的解释问题是本例的另一个重点。很明显，这是代理机构的失误所致，也是招标投标过程中的常见问题之一，如何处理这类问题很值得讨论。

笔者认为：对于招标文件存在前后矛盾的问题，在不违反法律法规的前提下，以下两种方式供参考。第一种：按照《中华人民共和国民法典》《中华人民共和国招标投标法》对诚实信用原则、平衡各方权利义务关系做出的原则性规定，在对类似的前后矛盾问题进行解释时，需要注意平衡各方权利、义务的关系，做到公平合理;要考虑实践中的交易习惯,不能一味地从单方利益出发,要兼顾投标人和其他参与人的利益。本问题中代理机构应按照有利于投标人的原则进行处理,即对于"实质性要求和条件"方面应坚持项目需求,给投标人的异议以明确答复,对于非"实质性要求和条件"方面可按照有利于投标人的原则,对投标人的响应予以认可。本例则属于非"实质性要求和条件"方面,应对该投标人的投标文件予以认可。当然,此做法后期可能会引起其他投标人向主管部门的投诉,代理机构应做好应对的准备。第二种:建议在招标文件中做出以下约定,构成本招标文件的各个组成文件应互为解释、互为说明;如有不明确或不一致,构成合同文件组成内容,以合同文件约定内容为准,且以专用合同条款约定的合同文件优先顺序解释;除招标文件中有特别规定外,仅适用于招标投标阶段的规定,按招标公告、投标人须知、评标办法、投标文件格式的先后顺序解释;同一组成文件中就同一事项的规定或约定不一致的,以编排顺序在后者为准;同一组成文件不同版本之间有不一致的,以形成时间在后者为准。按本款前述规定仍不能形成结论的,由招标人或其委托的代理机构负责解释。

13 招标文件对投标报价如此约定是否正确?

　　某工程项目招标文件编制完成后,招标人为谨慎起见,邀请相关专家召开文件审查会。招标文件在投标限价一项中注明:本项目最高投标限价为××万元,投标人报价低于所有投标报价平均值××%,则投标报价无效。审查会上部分专家提出质疑,认为此情形属于设置最低投标限价,招标人解释称此条款并未设置最低投标限价,不违反法律法规。请问专家说法是否正确?

【解析】

《中华人民共和国招标投标法实施条例》第二十七条规定:招标人设有最高投标限价的,应当在招标文件中明确最高投标限价或者最高投标限价的计算方法。招标人不得规定最低投标限价。该条释义指出:因为投标人的竞争能力和完成招标项目的个别成本具有很大差异,为了保证充分竞争,促进技术管理进步,节省采购成本,本条明确规定招标人不得设置最低投标限价,即不允许做出"低于最低限价的投标报价为无效投标"等规定。但为了防止投标人以低于成本的报价竞争,可以通过对投标价格的分析论证来判断其是否低于成本,包括参考标底、其他投标人的报价及投标人的证明材料等,而不能统一设定最低限价。

　　本问题中提到的"投标人报价低于所有投标报价平均值××%,则投标报价无效"的说法是错误的,招标人本意是要求评标委员会通过其他投标人的投标报价来进行分析论证,判断其是否低于成本。部分专家认为此情形属于设置最低投标限价的说法也是不正确的。

　　综上,笔者认为:设置最低投标限价说到底是对投标报价是否低于成本价的界定问题。企业成本价如何界定,一直是行业内长期以来的焦点问题,其间不乏专家学者见仁见智,在早期也一度是学术论文探讨的热点,可一番争论下来业界并没有给出一种统一的意见或者是一套计算公式来清晰明了地告诉大众何为成本价。在实际招标投标操作中,有的地方采取事先对项目部分主材价格予以约定,清标过程中如发现投标人的主材报价低于约定价格则自动否决其投标;有的则更为人性化,将评标委员会发现的投标人的报价疑似低于成本价的列为异常低价,由评标委员会着重评审。但不论方法如何,都应运用好价格这个杠杆,严格按照法规要求,使招标效益最大化。

14 招标文件中能否要求分属不同施工总承包序列的工程项目交由一家施工企业进行总承包施工？

某工程项目含机械设备生产线安装及部分装修改造项目，招标文件中投标人资格要求为机电工程总承包资质，招标文件发售期间有潜在投标人提出异议，认为机电工程总承包企业不能承担装修改造项目。请问此异议是否正确？

【解析】

《建筑业企业资质标准》（建市〔2014〕159 号）规定：施工总承包序列含建筑工程、机电工程等 12 个类别，施工总承包工程应由具备相应施工总承包资质的企业承担，取得施工总承包资质的企业可以对所承接的施工总承包内各专业工程全部自行施工，也可将专业工程依法分包。取得施工总承包资质的企业，可以从事资质证书许可范围内的相应工程总承包、工程管理等业务。

根据上述规定要求，建筑工程施工内容含装饰装修工程等配套工程，在建筑工程总承包资质证书许可范围内，而机械设备生产线安装属于机电工程总承包资质证书许可范围内工程，施工企业不可以在取得的总承包资质证书许可范围外承揽业务。因此对问题中提到的装饰装修工程应认定为不在机电总承包范围内，即使潜在投标人中标了也不具备施工资格。

因此，笔者建议此项目在投标人资格条件设置上可以采用建筑工程总承包资质+机电工程总承包资质，或者采用联合体招标。

15 工程总承包项目招标的实施条件是什么?

当前工程总承包项目招标的实施条件不尽一致,有的项目在初步设计完成后才发布招标公告,有的项目在完成可行性研究报告后发布招标公告。请问如何实施?

【解析】

《住房城乡建设部关于进一步推进工程总承包发展的若干意见》(建市〔2016〕93号)第四条规定:工程总承包项目的发包阶段,建设单位可以根据项目特点,在可行性研究、方案设计或者初步设计完成后,按照确定的建设规模、建设标准、投资限额、工程质量和进度要求等进行工程总承包项目发包。

《房屋建筑和市政基础设施项目工程总承包管理办法》(建市规〔2019〕12号)第七条规定:建设单位应当在发包前完成项目审批、核准或者备案程序。采用工程总承包方式的企业投资项目,应当在核准或者备案后进行工程总承包项目发包。采用工程总承包方式的政府投资项目,原则上应当在初步设计审批完成后进行工程总承包项目发包。其中,按照国家有关规定简化报批文件和审批程序的政府投资项目,应当在完成相应的投资决策审批后进行工程总承包项目发包。

当前正处在建筑业改革升级阶段,对具备一定规模的建设工程项目积极推行工程总承包管理模式,但工程总承包模式招标尚处于逐步完善阶段,需要行业主管在政策方面加以引导,以规范这一类模式的发展,平衡发包人与承包人之间的风险承担,减少可能发生的争议。

综上,笔者认为:从上述条款可以明确工程总承包项目的发包应满足两个条件。一是项目前期条件必须明确,该类项目至少应该在完成可行性研究后才可以进行工程总承包的发包工作;二是对于政府投资项目建议在初步设计审批完成后再实施总承包的发包。

16 工程总承包项目招标文件中,在业绩设置方面能否要求投标人同时具备类似单项设计业绩和单项施工业绩,而不需提供类似工程总承包业绩?

某工程总承包项目招标文件中,要求投标人提交近5年完成的总建筑面积不低于5万米^{2}的设计业绩和总建筑面积不低于5万米^{2}的施工业绩。某潜在投标人提出异议,认为该项目是工程总承包项目,业绩设置方面应要求投标人提供类似工程总承包业绩,而不是提供一个单项设计加一个单项施工业绩的组合。请问招标文件此做法是否妥当?

【解析】

《中华人民共和国招标投标法》第十八条第一款规定:招标人可以根据招标项目本身的要求,在招标公告或者投标邀请书中,要求潜在投标人提供有关资质证明文件和业绩情况,并对潜在投标人进行审查;国家对投标人的资格条件有规定的,依照其规定。这是招标人对投标人提出业绩要求的法律基础。

《关于印发〈房屋建筑和市政基础设施项目工程总承包管理办法〉的通知》(建市规〔2019〕12号)第十条第一款规定:工程总承包单位应当同时具有与工程规模相适应的工程设计资质和施工资质,或者由具有相应资质的设计单位和施工单位组成联合体。工程总承包单位应当具有相应的项目管理体系和项目管理能力、财务和风险承担能力,以及与发包工程相类似的设计、施工或者工程总承包业绩。

因此,在工程总承包项目招标文件中,在类似业绩的设置上应做到以下两点:一是类似业绩应与招标项目的建设规模相适应,在合理满足项目建设要求的同时不构成排斥潜在投标人现象;二是类似业绩的种类不唯一,可以是要求投标人同时具备一个单项设计加一个单项施工业绩,也可以是要求投标人提供类似工程总承包业绩。

综上,笔者认为:问题中所提的招标文件在业绩设置方面的规定符合法律法规要求,在某种程度上能够吸引更多的潜在投标人参与该项目竞争。

17 **以暂估价形式包括在工程总承包范围内的工作内容总承包人可否直接发包？**

　　某专业工程以暂估价形式含在设计施工总承包招标范围内，根据工程进度要求，该专业工程满足招标条件，其规模满足依法必须进行招标要求，但总承包人认为该项目含在工程总承包范围内，可以直接发包。请问此做法是否正确？

【解析】

　　《中华人民共和国招标投标法实施条例》第二十九条规定：以暂估价形式包括在总承包范围内的工程、货物、服务属于依法必须进行招标的项目范围且达到国家规定规模标准的，应当依法进行招标。该条释义中指出：本条规定的总承包是指广义的总承包，包括设计承包、勘察承包和施工承包等单项总承包。狭义的总承包则是指承包范围至少包括了设计和施工的总承包。

　　对于施工总承包项目所含的暂估价项目，根据条例规定属于依法必须进行招标的项目范围且达到国家规定规模标准的，应当依法进行招标。而本问题中提到的设计施工总承包，即释义中所指的狭义总承包中所含的暂估价项目，达到国家规定规模标准是否应当依法进行招标呢？

　　《安徽省人民政府办公厅关于推进工程建设管理改革促进建筑业持续健康发展的实施意见》（皖政办〔2017〕97号）"第三部分：完善工程建设组织模式"中指出：除以暂估价形式包括在工程总承包范围内且依法必须进行招标的项目外，工程总承包企业可以直接发包总承包合同中涵盖的其他专业业务。

　　由此可见，对于工程总承包项目，依据文件要求其所含暂估价部分达到国家规定规模标准也应依法进行招标。

18 建设工程招标投标活动中投标人存在哪些失信行为则不能作为投标人、被推荐的中标候选人和中标人？

某代理机构小王在编制招标文件时，应招标人要求，在设置投标人资格条件一项时增加"投标人存在以下失信行为则不能作为投标人、被推荐的中标候选人和中标人"。为了符合招标投标法律法规要求，力求所列举事项尽可能全面，请问该条款应该如何设置？投标人的失信行为有哪些，在哪里可以查询？

【解析】

根据《关于在招标投标活动中对失信被执行人实施联合惩戒的通知》（法〔2016〕285 号）的规定，结合《安徽省房屋和市政工程施工招标文件》（示范文本）的要求，约定了投标人存在下列失信行为则不能作为投标人、被推荐的中标候选人和中标人：①投标人被人民法院列入失信被执行人的；②投标人或其法定代表人或拟派项目经理（项目负责人）被人民检察院列入行贿犯罪档案的；③投标人被工商行政管理部门列入企业经营异常名录的；④投标人被税务部门列入重大税收违法案件当事人名单的；⑤投标人具有《安徽省建筑市场信用信息管理办法》第 11 条所列情形的。

另外，根据《住房城乡建设部关于印发建筑市场信用管理暂行办法的通知》（建市〔2017〕241 号）的要求，投标人在全国建筑市场监管公共服务平台被列为不良行为记录和"黑名单"限制其投标的，也应在招标文件中予以约定。以上情形可通过"信用中国"（http://www.creditchina.gov.cn）或其他指定媒介查询，有限制期限的按规定期限执行，无限制期限的可按招标文件约定计算。

19 招标文件中对工程履约保证金和质量保证金的收取应如何正确约定?

某工程招标文件规定:中标人在合同签订前,须向招标人缴纳10%的履约保证金,同时规定招标人在向中标人支付第一笔工程款时,扣除5%的质量保证金直至缺陷责任期满为止。请问上述规定是否正确?

【解析】

根据《关于清理规范工程建设领域保证金的通知》(国办发〔2016〕49号)的要求,对建筑业企业在工程建设中需缴纳的保证金,除依法依规设立的投标保证金、履约保证金、工程质量保证金、农民工工资保证金外,其他保证金一律取消。该文件同时规定:在工程项目竣工前,已经缴纳履约保证金的,建设单位不得同时预留工程质量保证金。《建设工程质量保证金管理办法》(建质〔2017〕138号)第六条规定:在工程项目竣工前,已经缴纳履约保证金的,发包人不得同时预留工程质量保证金。

综上,笔者认为:本问题中招标人如需预留工程质量保证金,应在工程施工履约完毕退还履约保证金后,在支付最后一笔工程款时扣留相应比例的工程质量保证金。此外还需注意的是,根据《建设工程质量保证金管理办法》(建质〔2017〕138号)文的规定,质量保证金总预留比例不得高于工程价款结算总额的3%,本例招标人设置了5%的质保金,违反了上述文件的相关规定。

03

投标
阶段

20 分公司受行政处罚是否影响总公司投标资格？

某工程项目发布了中标公示，由 A 公司作为第一中标候选人。公示期间，招标人收到质疑，称 A 公司在某市设立的分公司收到当地行业主管部门的行政处罚，且仍在处罚有效期内，根据招标文件规定，A 公司不能被推荐为第一中标候选人。请问招标人应如何处理？

【解析】

以上问题关注的焦点是分公司的行政处罚结果能否及于总公司的问题。该问题的处理过程中一般存在两种意见。一种意见是：虽然招标投标有关法律法规并未对分公司与总公司之间的关系以及分公司的法律地位等问题做出具体规定，但从我国《公司法》及《公司登记管理条例》的规定可见，"分公司自身不具备法人资格，经工商登记并领取营业执照的分公司可以在工商核准的营业范围内对外从事经营活动。分公司作为总公司的分支机构，是总公司内部的一个组成部分，是总公司基于财税和经营便利等原因，根据总公司的意志所设立的对外从事总公司部分经营业务的机构，且分公司的经营范围不得超出总公司的经营范围"。既然分公司经营的业务只是总公司经营业务的一部分，那么对总公司经营业务的总体评判，必然要包含对分公司经营业务的部分。因此，行业监管部门对分公司的行政处罚结果应当及于总公司。另一种意见则认为：根据《行政处罚法》，分公司可以被列为被处罚人，也具有根据《行政诉讼法》及司法解释以其他组织的身份参加诉讼的资格，即可作为行政处罚主体，独立于总公司之外。况且一些较大的施工企业在全国各地均设有分公司，若是一地处罚就影响到总公司在全国的投标行为，则覆盖面未免过大了。因此，分公司的行政处罚结果不应当及于总公司。

综上，笔者认为：招标投标行为是一种民事行为，《中华人民共和国招标投标法》及相关法律法规并未对分公司与总公司之间的关系以及分公司的法律地位特别是行政处罚涉及方面等问题做出具体规定。作为民事活动主体的双方,招标人编制招标文件,而投标人则编制投标文件作为对招标文件的实质性响应,双方自成约定。为提高招标文件编制质量,有经验的招标人或招标代理机构应对此做出具体说明,在招标文件"否决其投标"一项中列明分公司受到的行政处罚是否及于总公司,以避免招标投标过程中遇到类似的异议或投诉。

21 项目经理完成合同变更但未在网上登记，是否可以参与新项目投标？

　　某施工单位一项目经理已完成了"在建工程"项目竣工预验收，受公司委派，拟投标一新工程项目，其随即与原建设单位完成了书面合同变更。但在评标中，评标专家查询了当地的监管平台，发现该项目经理未完成网上变更，行业主管部门并未对之前的变更行为予以备案确认，该项目经理仍所属原工程项目。因此，评标委员会判定该项目经理有"在建工程"，否决其投标。请问此举是否正确？

【解析】

　　《注册建造师执业管理办法》（建市〔2008〕48 号）第十条规定：注册建造师担任施工项目负责人期间原则上不得更换。如发生下列情形之一的，应当办理书面交接手续后更换施工项目负责人：（一）发包方与注册建造师受聘企业已解除承包合同的；（二）发包方同意更换项目负责人的；（三）因不可抗力等特殊情况必须更换项目负责人的。建设工程合同履行期间变更项目负责人的，企业应当于项目负责人变更 5 个工作日内报建设行政主管部门和有关部门及时进行网上变更。《住房和城乡建设部关于〈注册建造师执业管理办法〉有关条款解释的复函》（建市施函〔2017〕43 号）对此有进一步的解释说明。

　　《注册建造师执业管理办法》（建市〔2008〕48 号）第十条还规定：建设工程合同履行期间变更项目负责人的，经发包方同意，应当予以认可。企业未在 5 个工作日内报建设行政主管部门和有关部门及时进行网上变更的，应由项目所在地县级以上住房城乡建设主管部门按照有关规定予以纠正。

　　综上，笔者认为：施工总承包合同是一种民事合同，建设单位和施工单位是合同双方的主体，合同双方在不违反法律法规的前提下按照原合同中对项目经理约定的条款进行管理即可。本问题中项目经理的变更应按照合同约定执行，对于网上的变更信息管理是行业主管部门加强监管的一项重要措施,评标委员会在评审过程中应提请招标人据此线索进一步核实确认。

22 集团公司和子公司能否同时参与施工招标项目的资格预审?

　　某大型施工招标项目举行资格预审,在申请人提交资格预审申请文件时,招标人发现某工程集团公司和其全资子公司同时提交了资格预审申请文件,招标人认为其二者存在控股或管理关系,要求只能接收一家单位提交的申请文件。请问招标人该做法是否正确?

【解析】

　　《中华人民共和国招标投标法实施条例》第三十四条规定:单位负责人为同一人或者存在控股、管理关系的不同单位,不得参加同一标段投标或者未划分标段的同一招标项目投标。违反该规定的相关投标均无效。本问题中招标人想必是依据此条款做出的要求。但细心的读者应该发现,《中华人民共和国招标投标法实施条例》中提到的是不得参加同一招标项目的投标,并不是不得参加同一招标项目的资格预审。该条款释义中指出:本条第二款规定不适用于资格预审。单位负责人为同一人或者存在控股、管理关系的不同单位,可以在同一招标项目中参加资格预审,但招标人只能选择其中一家符合资格条件的单位参加投标。具体选择方法,招标人应当在资格预审文件中载明。

　　综上,笔者认为:招标采取资格预审的方式,其目的是为了筛选出满足招标项目所需资格、能力和有参与招标项目投标意愿的潜在投标人,最大限度地调动投标人挖掘潜能,提高竞争效果。对潜在投标人数量过多或者大型复杂等单一特征明显的项目,以及投标文件编制成本高的项目,资格预审还可以有效降低招标投标的社会成本,提高评标效率。因此在资格预审环节不限制作为申请人的两家单位同一负责人或者存在控股、管理关系,但在通过资格预审的两家单位中,在同一标段招标人只能选择其中一家单位参加投标,这是符合招标投标法律法规精神的。而在投标环节,应严格按照《中华人民共和国招标投标法实施条例》第三十四条执行。

23 母公司下甲、乙两子公司一同投标，甲公司负责人在乙公司参股是否属于串通投标？

某工程项目评标结束后，有投标人对评标结果提出异议，称第一中标候选人甲公司的法定代表人在另一投标人乙公司董事会参股，应判定甲、乙两公司属于串通投标。此说法是否正确，该情形是否属于投标人之间存在管理关系？

【解析】

《中华人民共和国招标投标法实施条例》第三十四条第二款规定：单位负责人为同一人或者存在控股、管理关系的不同单位，不得参加同一标段投标或者未划分标段的同一招标项目投标。《中华人民共和国招标投标法实施条例》第三十九条"禁止投标人相互串通投标"第四款规定的情形为：属于同一集团、协会、商会等组织成员的投标人按照该组织要求协同投标。

《招标投标法实施条例释义》中，对存在管理关系的解释如下："这里所称的管理关系，是指不具有出资持股关系的其他单位之间存在的管理与被管理关系。"需要注意的是，该条款禁止的是不同单位之间的管理关系，而不是针对自然人之间的禁止性规定。

综上，本项目投标人甲公司和乙公司作为两个相互独立的法人，如未发现两家公司按照该组织要求协同投标，则不属于串通投标，当然这两家公司之间也并不存在控股或管理关系，不属于法律规定的禁止投标情形之列。

24 国有企业下属参股子公司能否作为投标人参与国有企业组织的项目招标投标？

　　某国有房地产开发公司组织某小区建设项目施工招标，其下属参股子公司报名参与投标，某潜在投标人认为国有企业与其下属参股子公司存在利益关系，下属参股子公司不得参与该项目投标。请问上述情形是否属于投标无效情形？

【解析】

　　《中华人民共和国招标投标法实施条例》第三十四条第一款规定：与招标人存在利害关系可能影响招标公正性的法人、其他组织或者个人，不得参加投标。

　　本条没有一概禁止与招标人存在利害关系的法人、其他组织或者个人参与投标，构成本条第一款规定情形需要同时满足"存在利害关系"和"可能影响招标公正性"两个条件。

　　综上，笔者认为：作为招标人的国有企业和作为投标人的其下属参股子公司存在利益关系，但即使投标人与招标人存在某种"利害关系"，如果招标投标活动依法进行、程序规范，该"利害关系"并不影响招标公正性，则其下属参股子公司就可以参加投标。这就要求招标人应主动规范自身招标行为，在投标人资格要求、评标办法、评标专家的选取、定标流程等方面，对所有投标人均做到公开、公平、公正。同时，招标人在招标投标全过程应做好相关资料的收集存档工作，以备在投标人提出异议或接受行业主管部门监管时，能够出具有说服力的书面证据并做出合理的答复。

25 总承包人是否可以直接承建或参与暂估价项目的投标，合同价款中涉及原暂估价项目金额应如何调整？

　　某工程项目中包含有一项暂估价项目，项目金额达到了必须招标的规模标准，应当依法招标，总承包人是否可以直接承建，或者参与该暂估价项目的投标？招标完成后合同价款中涉及原暂估价项目金额如何调整？

【解析】

　　《中华人民共和国招标投标法实施条例》第二十九条规定：招标人可以依法对工程以及与工程建设有关的货物、服务全部或者部分实行总承包招标。以暂估价形式包括在总承包范围内的工程、货物、服务若属于依法必须进行招标的项目范围且达到国家规定规模标准的，应当依法进行招标。前款所称暂估价，是指总承包招标时不能确定价格而由招标人在招标文件中暂时估定的工程、货物、服务的金额。

　　《招标投标法实施条例释义》指出：关于暂估价项目的招标，实践中相对成熟的做法主要有三种：一是总承包发包人（即总承包招标人）和总承包人共同招标；二是总承包发包人招标，给予总承包人参与权和知情权；三是总承包人招标，给予总承包发包人参与权和决策权。三种做法的核心原则均离不开共同招标。之所以"共同招标"，是因为就暂估价项目的实施而言，总承包发包人和总承包人双方都是利害关系人：一是暂估价项目包括在总承包范围内，依法应当由承包人承担工期、质量和安全责任；二是暂估价的实际开支最终由总承包发包人承担，其在关注质量的同时，更有关注价格的权利；三是共同招标是一个确保透明、公平的实现途径，可以避免总承包发包人和总承包人之间的猜忌，从而有助于合同的顺利履行。

　　综上，笔者认为：暂估价项目达到依法必须招标规模标准、属于依法必须进行招标的项目范围之内的必须依法进行招标。该项目不能直接由总承包人承建，必须进行招标。通过招标选择暂估价项目承包人时，应在招标文件的专用合同条款中明确发包人和总承包人的权利义务关系。一般情况下，由发包人批准，总承包人组织具体招标工作，或者由招标人与总承包人联合进行招标。由总承包人作为暂估价项目招标人已经被实践证明是最佳的选择，该做法同时给予总承包发包人足够的话语权，由总承包人与暂估价项目中标人签订合同，有利于理顺合同关系，方便合同履行。

关于招标完成后合同价款中涉及原暂估价项目金额的调整，《建设工程工程量清单计价规范》中规定："专业工程依法进行招标后，以中标价为依据取代专业工程暂估价，调整合同价款。"因此，对二次招标后中标价相较于之前暂估价金额的高低没有限制规定，可以理解为这一部分的风险由建设单位承担。如果最终专业工程中标价格高于原暂估价，发包人需要承担这部分风险，总承包人只是按合同约定收取总包管理费。

26 参加 EPC 项目前期咨询的单位能否参加设计施工总承包投标?

某房建 EPC 项目,一投标人参与了项目前期可行性研究报告编制工作,现招标人公开已经完成的项目建议书、可行性研究报告、初步设计文件,进行总承包招标。有观点认为根据《工程建设项目施工招标投标办法》(国家发展和改革委员会等七部委令第 30 号)第三十五条规定,为招标项目的前期准备或监理工作提供设计、咨询服务的任何法人及任何附属机构(单位)不得参加该招标项目的投标。那么在 EPC 总承包项目中,为该项目提供前期咨询的单位是否有权投标?

【解析】

EPC 项目作为工程总承包项目的一种模式,《房屋建筑和市政基础设施项目工程总承包管理办法》(建市规〔2019〕12 号)第十一条规定:政府投资项目的项目建议书、可行性研究报告、初步设计文件编制单位及其评估单位,一般不得成为该项目的工程总承包单位。这里限制了项目的建议书编制单位、可行性研究报告编制单位、初步设计文件编制单位和这些工作成果的评估、评审单位。这也是出于防止这些为项目的前期准备提供咨询、设计、评估(审)的咨询机构利用其有利地位在咨询服务过程中做出对建设单位不利的行为。但上述"总承包管理办法"对于政府投资项目做出了例外规定,即"政府投资项目招标人公开已经完成的项目建议书、可行性研究报告、初步设计文件的,上述单位可以参与该工程总承包项目的投标,经依法评标、定标,成为工程总承包单位"。这是因为虽然投标人已经参加了政府投资项目的项目建议书、可行性研究报告、初步设计文件编制工作或评审工作,但在招标时如果将全部工作成果对所有潜在投标人公开,有资格、有经验的投标人依据被公开的前期工作成果均能编制技术方案并做出合理报价,并不影响招标的公正性,是不违反《中华人民共和国招标投标法实施条例》第三十四条第一款的规定的。该条款是上述"总承包管理办法"做出例外规定的上位法依据。

《工程建设项目施工招标投标办法》(七部委令第 30 号)第三十五条规定:为招标项目的前期准备或监理工作提供设计、咨询服务的任何法人及任何附属机构(单位),不得参加该招标项目的投标。上述规定是针对非设计施工总承包项目而言,不适用设计施工总承包(EPC)项目。

综上,笔者认为:在房建和市政 EPC 项目中,由于招标人向所有投标人提供相同的前期咨询资料, 在合同执行期由总承包人在此基础上自行设计施工图,提供过前期咨询的企业不存在投标优势,一般认为可以参加设计施工总承包项目的投标。

04

开标
阶段

>>

27 唱标过程中，投标函中投标报价大小写不一致是否应否决其投标？

　　某工程项目开标过程中，代理机构依次对各投标人的投标函内容进行唱标，当唱标进行到投标人 B 时，投标函中投标报价大写金额为壹佰万圆整，小写金额为 1 000 万元。大小写金额不一致。开标结束后，投标人 B 的投标文件交由评标委员会进行评审。评标委员会查看了投标人 B 的工程量清单汇总报价为 1 000 万元，部分评委认为投标函中属大写金额书写错误，应给予澄清机会，部分评委认为根据规定大小金额不一致的应以大写金额为准。请问该情形下对投标人 B 应如何评审？

【解析】

　　《工程建设项目施工招标投标办法》（七部委令第 30 号）第五十三条规定：评标委员会在对实质上响应招标文件要求的投标进行报价评估时，除招标文件另有约定外，应当按下述原则进行修正：（一）用数字表示的数额与用文字表示的数额不一致时，以文字数额为准。

　　另外，《工程建设项目施工招标投标办法》（七部委令第 30 号）第五十一条规定：评标委员会可以书面方式要求投标人对投标文件中含义不明确、对同类问题表述不一致或者有明显文字和计算错误的内容做必要的澄清、说明或补正。

　　由此看来，评标委员会出现的分歧各方均有法律依据。根据常理推论，出现此种情形较大可能性为投标人 B 在书写大写金额时出现了笔误，而不应该是对工程量清单汇总报价的一次理性降价，因为从 1 000 万元降至 100 万元无任何意义，且明显低于成本价，可被评标委员会否决其投标。

　　综上，笔者认为：评标委员会对投标人 B 的投标文件如何评审是该项目招标工作能否顺利进行的关键所在。在不违反法律法规的前提下，以下两种方式可供参考。第一种：唱标过程中对投标函内容进行宣读，告诉各投标人投标文件的关键信息,是招标投标活动公开原则的一项重要手段。投标函中的投标报价一经宣读不可更改,也是投标函的效力要高于投标文件中其他组成内容的原因所在。因此,根据《工程建设项目施工招标投标办法》(七部委令第 30 号)第五十三条规定,用数字表示的数额与用文字表示的数额不一致时以文字数额为准。评标委员会可直接判定投标人 B 以低于成本价竞标,从而否决其投标。第二种:评标委员会本着对各投标人审慎负责的态度,在法律法规允许范围内发挥专业判断优势,根据《工程建设项目施工招标投标办法》(七部委令第 30 号)第五十一条规定,不直接否决其投标,而是对投标人 B 存在明显文字和计算错误的内容做必要的澄清、说明或补正。在允许投标人 B 做出书面澄清时,不得允许其对实质性内容进行修改,而应当只允许改正明显的文字和计算错误,从而进行后续评审。上述两种做法,评标委员会均可在职责范围内发挥自由裁量权进行处理。

28 投标人的拟派项目经理不参加开标会议是否应判定其投标无效？

> 某工程项目开标会上，唱标过程中投标人 A 项目经理因有事未到场，根据招标文件规定，投标人 A 被评标委员会判定为投标无效。事后投标人翻阅了招标投标法等相关法律法规，并未发现法律条款有此规定，随即向招标人提出异议，认为招标文件此规定违反法律法规要求。请问招标文件这样规定是否合理？

【解析】

《中华人民共和国招标投标法》《中华人民共和国招标投标法实施条例》等相关招标投标法律法规对投标无效和否决投标的条款中，并不存在问题中提到的投标人拟派项目经理未参加开标会议一项。但在招标投标实际操作中，经常会出现招标文件提出此类要求，在开标现场各投标人拟派项目经理到场查验身份证，有的大型项目还要求拟派项目经理现场答辩。这其中现象应分类区别看待。部分地方招标投标主管部门为加大打击项目经理挂靠力度，在地方管理规定中明确了拟派项目经理在开标时必须到场，否则其投标无效。但随着放管服的深入推进，特别是招标投标全过程电子化的推进，投标人完全可以做到从下载招标文件到中标后打印发票均在网上完成。随着信用体系建设的深入，招标文件中要求拟派项目经理到场的做法陆续会被信用评价结果运用到招标投标实践等取代。至于有的大型项目要求拟派项目经理现场答辩，则是根据大型项目特点，拟派项目经理需当着评委面阐述施工组织方案，这也应在招标文件中予以事先规定，与一般招标项目要求拟派项目经理在开标时必须到场的要求有所不同。

综上所述，笔者认为：招标投标活动是民事双方活动主体为同一合同目的协商的过程，本着"法无禁止皆可为"的原则，拟派项目经理参加开标会属于其权利而非义务，除非行政法规、部门规章或地方规章中明示"投标人不派代表参加开标会议其投标无效"，否则不能据此判定其投标无效。

29 电子交易系统短暂故障导致不见面开标会部分投标人不能准时在线签到,是应等待系统修复好之后顺延签到时间开标,还是应将开标会择日延期进行?

某工程项目电子招标投标开标会距投标截止时间 20 分钟前,电子交易系统异常,导致部分投标人不能准时签到,技术人员组织系统修复用了 30 分钟时间修复完成,其后顺延签到时间 20 分钟,未签到的部分投标人也相继签到,开标会正常进行。开标会结束后,有投标人提出异议称因系统故障不能在线签到,导致没有能够正常参加招标投标活动。请问此种情况电子不见面开标会如何做出补救措施,是应等待系统修复好之后顺延签到时间开标,还是应将开标会择日延期进行?

【解析】

《中华人民共和国电子招标投标办法》第二十九条规定:电子开标应当按照招标文件确定的时间,在电子招标投标交易平台上公开进行,所有投标人均应当准时在线参加开标。《中华人民共和国电子招标投标办法》第三十一条规定:因投标人原因造成投标文件未解密的,视为撤销其投标文件;因投标人之外的原因造成投标文件未解密的,视为撤回其投标文件,投标人有权要求责任方赔偿因此遭受的直接损失。部分投标文件未解密的,其他投标文件的开标可以继续进行。招标人可以在招标文件中明确投标文件解密失败的补救方案,投标文件应按照招标文件的要求做出响应。

另外,《招标投标法实施条例释义》第二十一条规定:需要说明的是,随着电子招标的逐步推广,一些招标项目允许潜在投标人匿名从网上下载资格预审文件和招标文件,已获取资格预审文件或者招标文件的潜在投标人的名称和联系方式可能无法事先知悉,需要对资格预审文件或者招标文件进行澄清和修改的,招标人在提供下载资格预审文件和招标文件的网站上公布澄清或者修改内容即可。

综上,笔者认为:《电子招标投标办法》是根据《中华人民共和国招标投标法》《中华人民共和国招标投标法实施条例》制定的,在具体的电子招标投标活动中应结合上述两部法律规定一并决定。

电子交易系统故障为非投标人原因造成的,投标人免责。电子不见面开标会投标人须远程在线签到,不能签到的应有完善的应急补救措施,如招标人在下载招标文件的网站上及时公布事件处理信息,诸如本问题所述情形,如在短时间内完成系统修复,则此变化未给潜在投标人带来大量额外工作,并不需要投标人以足够的时间修改投标文件且没有因此造成损失,故在系统修复后应当顺延签到时间,并通过网站、系统向没有完成签到的投标人通知到位,完成签到,继续进行电子开标会。若在已顺延的投标截止期后,部分潜在投标人未完成签到及投标文件解密,则视为撤回其投标文件。如若将开标会延期,有可能使得已签到的投标人或投标保证金泄露,不符合招标投标程序规定,并存在招标投标活动风险。

30 某建设工程电子招标投标中，投标保证金到账家数少于3家是否可以继续评标？

某建设工程项目电子招标投标的开标会上共有4家投标人，开标会按招标文件如下规定流程进行：投标人签到—公布投标人名单—解密—公布投标报价—现场无异议—开标会结束。但到投标截止时间为止，从保证金管理科室得知只有2家投标人保证金已到账，其他均未到账。其后开评标活动依序进行。但有的投标人提出异议，认为该项目有效投标人只有2家，不满足3家应当重新招标。请问此种情形是否可以继续评标？

【解析】

《电子招标投标办法》第二十七条规定：投标人应当在投标截止时间前完成投标文件的传输递交。《中华人民共和国招标投标法》第二十八条规定：投标人应当在招标文件要求提交投标文件的截止时间前，将投标文件送达投标地点。招标人收到投标文件后，应当签收保存，不得开启。投标人少于3家的，招标人应当依照本法重新招标。《房屋建筑和市政基础设施工程施工招标投标管理办法》第三十四条规定：在开标时，投标文件出现下列情形之一的，应当作为无效投标文件，不得进入评标：（四）投标人未按照招标文件的要求提供投标保函或者投标保证金的。

本问题中，开标会现场有4家投标人已签到成功，并递交了电子投标文件，说明投标人不少于3家，满足开标要求。投标保证金是否到账应按照招标文件的约定，属于投标人资格审查内容，应在开标会现场予以公开告知，并将该结果提交评标委员会评审。如出现投标保证金未到账情形，则由评标委员会判定该投标文件为无效投标文件。至于是否可以推荐中标候选人，应根据相关文件要求和投标报价是否具有竞争性综合考虑，而不应简单地根据有效投标文件数量不足3家就宣布本次招标失败而重新招标。

05 >>

评标
阶段

31 评标专家来自同一单位且是上下级关系是否应做出调整？

某建设项目采取公开招标的方式，从省专家库抽取评标专家，其中有2名专家来自同一单位，并且还是上下级关系，招标人对此提出质疑，认为这2名专家可能对中标结果产生倾向性影响，应当重新调整评标委员会组成。请问此做法是否正确？

【解析】

《中华人民共和国招标投标法》第三十七条第四款规定：与投标人有利害关系的人不得进入相关项目的评标委员会，已经进入的应当更换。《中华人民共和国招标投标法实施条例》第四十八条规定：评标过程中，评标委员会成员有回避事由、擅离职守或者因健康等原因不能继续评标的，应当及时更换。被更换的评标委员会成员做出的评审结论无效，由更换后的评标委员会成员重新进行评审。《评标委员会和评标方法暂行规定》（国家发展和改革委员会等七部委令第12号）第十二条规定：有下列情形之一的，不得担任评标委员会成员：（一）投标人或者投标人主要负责人的近亲属；（二）项目主管部门或者行政监督部门的人员；（三）与投标人有经济利益关系，可能影响对投标公正评审的；（四）曾因在招标、评标以及其他与招标投标有关活动中从事违法行为而受过行政处罚或刑事处罚的。评标委员会成员有前款规定情形之一的，应当主动提出回避。

综上，笔者认为：从当前的法律法规限制评标专家回避的条件上看，没有限制评标专家不可以来自同一单位。其实，只要是评标专家来自同一单位，就避免不了是同级、直属部门上下级、非直属部门上下级等关系。本问题中，评标专家抽取符合法定要求，而随机抽取方式是无法保障被抽取到的评标专家一定不是同一单位的人的，更无法保障抽取到的人员不存在其他关系。因此，招标文件中若无明确约定，只要评标专家是独立评审，则无相关依据和理由去要求评标专家做出调整。如在评标过程中发现专家存在非独立评审情形，监管部门可以及时采取劝退、更换等措施，以保证评标过程的公正性。

32 资深评标专家能否修改原评标委员会评定的结果?

某工程建设项目评标结束后,评标委员会中部分专家的评标工作存在严重失误,招标人对本次评标委员会很不满意,要求评标委员会纠正评标结果,但评标委员会坚持原评标结论,招标人经研究决定邀请行业内资深专家重新进行评审。请问此做法是否正确?

【解析】

《中华人民共和国招标投标法实施条例》第四十八条规定:评标过程中,评标委员会成员有回避事由、擅离职守或者因健康等原因不能继续评标的,应当及时更换。被更换的评标委员会成员做出的评审结论无效,由更换后的评标委员会成员重新进行评审。该条释义中指出:评标委员会成员在评标过程中不客观公正履行评标职责、拒不遵守评标纪律影响评标正常进行的,招标人也应当及时更换。该条款详细论述了评标委员会不公正履职情况下招标人更换评委的依据。但在评标工作完成后,评委在不公正履职情况下,招标人要求评委纠正评标行为而评委坚持原评标意见,招标人能否邀请行业内资深评标专家重新进行评审,该条款并未提供法律依据。

综上,笔者认为:《中华人民共和国招标投标法》等法律法规并未对资深评标专家明确其法律定位。部分省市在组建资深评标专家库时,其适用范围仅是以下三个方面:一是省内大型工程项目;二是参与外省异地远程评标;三是招标项目的后评估。并不存在同一招标项目后组建的由资深评标专家组成的评标委员会能够否定原评标委员会评定结论的法律依据。如原评标委员会存在明显不公正履职行为,招标人可要求评标委员会予以纠正,如不自行纠正的可提请行业主管部门予以纠正。如评标委员会仍不纠正的,行业主管部门可采取行政手段对相关评委进行处罚。原评标委员会已不能公正履职情形下,根据项目特征,在行业主管部门履行监管职责情况下,招标人应重新随机抽取评委,完成项目评标工作。

33 投标人不良行为记录是否能被否决其投标？

某代理机构项目负责人小王在编制招标文件中,对于投标人资格条件一栏内写明:投标人近1年受到不良行为记录处罚的不得投标。随后招标文件售出后,有潜在投标人提出异议,认为不良行为记录各地规定不统一,涉及面较广,一些地方仅是按照当地管理规定扣除相应信用分值,且并不影响投标。随后招标文件此处澄清修改为:投标人近1年受到行政处罚的不得投标。此做法是否正确?

【解析】

《住房城乡建设部关于印发建筑市场信用管理暂行办法的通知》(建市〔2017〕241号)第四条规定,不良信用信息是指建筑市场各方主体在工程建设活动中违反有关法律法规或规章工程建设强制性标准等,受到县级以上住房城乡建设主管部门行政处罚的信息,以及经有关部门认定的其他不良信用信息。

该问题涉及三个概念。一是行政处罚:行政机关和法律法规授权的组织依照法律法规或者规章的规定对违反行政法律法规规章的公民、法人或其他组织处以惩戒、制裁的具体行政行为。二是不良信用信息:以行政处罚信息为主,包含其他对信用主体信用状况构成负面影响的行为记录。三是不良行为记录:多是各地招标投标监管机构为规范招标投标行为对招标投标活动各方主体违反交易活动相关法律法规的具体行为进行了细化,多采用计分制,达到一定分值则对招标投标活动予以限制。

综上,笔者认为:行政处罚较为严谨,必须有充分的法律依据,且存在处罚有效期限,是具体的行政行为,可作为信用体系建设中不良信用信息的重要来源;不良信用信息是信用体系建设的重要组成部分,和信用主体信用分挂钩,可直接应用到招标投标活动中;不良行为记录多为各地行业主管部门出台的旨在规范所在地招标投标行为的规范举措,且实施范围仅限当地,无权覆盖所管辖地之外的招标投标活动。

因此,招标人在编制招标文件过程中,涉及否决其投标的条款,对行政处罚、不良信用信息和不良行为记录的含义应明确分清,对否决投标人的条款涉及面应更为严谨。以上三者均可列入招标文件中"否决其投标"条款,但是否是招标人提出需求的初衷则需要仔细研究。只有分清这三者含义,才能吸引更多的合格投标人投标,使招标投标活动顺利开展。

34 **对通过资格预审的投标人是否还应进行资格后审？**

　　某工程项目采取的是资格预审方式，招标人对通过资格预审的投标人发售了招标文件，在评标阶段，招标人发现投标人 A 公司正在分立，即告知评标委员会。某评标专家认为组织资格预审的项目已经完成了对投标人的资格审查，无须再组织资格后审，因此现阶段无须再组织资格审查。请问对于此类已采取资格预审方式的项目，评标委员会需要再进行资格后审吗？

【解析】

　　《中华人民共和国招标投标法实施条例》第十六条规定：招标人应当按照资格预审公告、招标公告或者投标邀请书规定的时间、地点发售资格预审文件或者招标文件。采取资格预审方式的招标项目，一般在完成资格审查后，对合格的投标人发售招标文件，评标阶段无须再进行资格后审。但《中华人民共和国招标投标法实施条例》第三十八条同时规定：投标人发生合并、分立、破产等重大变化的，应当及时书面告知招标人。投标人不再具备资格预审文件、招标文件规定的资格条件或者其投标影响招标公正性的，其投标无效。该条释义中讲到投标人应当将其重大变化书面告知招标人，履行告知义务的主体是通过资格预审的申请人或者投标人。重大变化可能影响资格条件和招标公正性的投标无效。另外，通过资格预审的申请人或者投标人发生本条规定的重大变化，是否影响其资格条件，应当由招标人组织资格审查委员会或者评标委员会进行评审并做出认定。资格审查委员会或者评标委员会应当依据资格预审文件或者招标文件规定的标准进行复核，既不能降低也不能提高审查标准，否则不公平。对发生本条规定的重大变化，如以有限数量制进行资格预审的，投标人发生分立后虽仍符合资格预审文件的要求，但其资格条件降低至与因择优而未能通过资格预审的其他申请人相同或者更低等，即便资格复核合格但影响招标公正性的，其投标也无效。

综上,笔者认为:虽然采取资格预审方式的招标项目,一般在完成资格审查后,对合格的投标人发售招标文件,评标阶段无须再进行资格后审。但一些大型项目招标过程较长,为防止投标人资格条件发生变化,可根据需要在评标阶段进行资格复核。同时通过资格预审的申请人或者投标人发生合并、分立、破产等重大变化的,应当履行告知义务。招标人发现投标人有上述情形的应及时告知评标委员会进行资格认定,这是招标人防止招标风险的重要手段,是招标人的固有权利,不需要法律法规再加以明确。

35 招标文件要求投标人须提供工程"获奖创杯"承诺,评标委员会认为投标人不提交承诺属于非实质性响应招标文件要求,应予以"否决其投标"。请问该做法是否正确?

　　某房建工程项目招标文件要求,该工程质量标准为"合格",并要求"本工程须获得鲁班奖"。投标人 A 在投标函注明"工程质量合格,争创鲁班奖"。评标委员会认为投标人 A 注明的是争创鲁班奖,而不是获得鲁班奖,为非实质性响应招标文件要求,应否决其投标。请问该做法是否正确?

【解析】

　　《中华人民共和国招标投标法实施条例》第五十七条规定:招标人和中标人应当依照招标投标法和本条例的规定签订书面合同,合同的标的、价款、质量、履行期限等主要条款应当与招标文件和中标人的投标文件的内容一致。招标人和中标人不得再行订立背离合同实质性内容的其他协议。本问题中工程质量标准要求为"合格",投标人 A 在投标函中已注明了工程质量标准为"合格",属于实质性响应招标文件要求。而招标文件中"本工程须获得鲁班奖"属于对中标后对合同履约方面的要求,该奖项非中标必要条件,并不是需要评审的实质性要求。且该条款的设置是否合理存在争议,因为获得"鲁班奖"非投标人所能决定,投标人 A 提出"争创鲁班奖"是一种实事求是的表述,而获得"鲁班奖"的决定权在于该奖项的评审机构,且要根据评选当年所有申报工程项目总体情况给予判定,且超出了投标人可控范围。试想,如果中标人完工项目到期未获得"鲁班奖",是否对其他投标人造成了不公平竞争呢?正确的做法是可在招标文件中要求投标人承诺同意对是否获得"鲁班奖"采取奖惩措施。

　　综上,笔者认为:招标文件设置的合理性是决定能否找到合格承包人的前提条件,招标人合理的特殊要求可在招标文件中列出,但这些条款不应过分苛刻,更不允许将风险全部转嫁给中标方。招标代理机构要从专业角度多提出合理化建议,以提高招标效率。评标委员会要严格按照招标文件规定的评标标准和方法评标,特别是对"否决其投标"的条款判定必须审慎决定,做到有理有据,更不可随意而为,损害投标人利益。

36 投标文件正本封面中项目名称错误,而其正文部分包括投标函及其附录、开标一览表均正确,是否应否决其投标?

　　某工程项目评标过程中,评委发现一投标人编制的投标文件正本封面中项目名称错误,而其正文部分包括投标函及其附录、开标一览表均正确,该项目招标文件中"否决其投标条款"未规定出现此种情况应否决其投标。有的评委认为封面名称错误属于细微偏差,应给予投标人澄清的机会,但有的评委则认为封面项目名称错误,投标人投标项目是否为本招标项目存疑,理应否决其投标。请问如何处理?

【解析】

　　《中华人民共和国招标投标法》第三十九条规定:评标委员会可以要求投标人对投标文件中含义不明确的内容做必要的澄清或者说明,但是澄清或者说明不得超出投标文件的范围或者改变投标文件的实质性内容。可以理解为投标人的澄清和说明不得存在下列行为:一是超出投标文件的范围,补充原投标文件中没有规定的内容;二是改变投标文件中的实质性内容,其目的就是使不符合要求的投标文件成为符合要求的投标文件。

　　本问题中投标文件封面项目名称错误,投标函及其附录均正确,《标准施工招标文件》中明确合同协议书、投标函及其附录的解释效力靠前,而无投标文件正本封面之说,投标文件的核心应该是投标函及其附录。

　　综上,笔者认为:招标人不能偏离招标活动的根本目的,而去过分强调签字、装订、包装、密封等细节,这样容易造成投标被否决,影响竞争效果。另外,是否应该否决其投标是评标委员会的权利,在招标文件未明确规定的前提下,应由评标委员会把握评标尺度,招标文件在编制中应对"否决其投标"一项条款进行充实完善,明确否决投标文件的标准。

37 投标人在投标文件中没有加盖单位公章,而是加盖的单位合同专用章或业务专用章,是否应否决其投标?

　　某建设工程项目招标,在招标文件中明确规定,投标文件必须加盖单位公章。但评标中却发现,投标人 A 盖的是公司业务专用章。有的评委认为投标人 A 提供的不是单位法人公章,不符合招标文件要求,应否决其投标;但有的评委认为业务专用章属于公章范畴,应予以认可。请问此类问题该如何处理?

【解析】

　　公章,顾名思义,就是机关、企事业团体使用的印章。《中华人民共和国企业法人登记管理条例》第十六条规定:申请企业法人开业登记的单位,经登记主管机关核准登记注册,领取企业法人营业执照后,企业即告成立。企业法人凭据企业法人营业执照可以刻制公章、开立银行账户、签订合同,进行经营活动。据此,公章的概念就相对清晰了:公章是公司处理内外部事务的印鉴,加盖了公章的文件具有法律效力,代表了企业表达真实意思的证明作用,企业使用的公章应在工商或公安部门备案。在实践中,企业在法人公章备案中,往往会把财务专用章或业务专用章一同备案,和法人公章的权威性相对应。从广义范围讲,企业公章、财务专用章及业务专用章均属于公章范畴。

　　综上,笔者认为:到目前为止,我国尚未制定出一部专业法律对此予以规范,从法律意义上来说,只要经过法定程序并到相关部门备案了的企业印章,均属于企业公章。招标人在编制招标文件中,对此类情况应事先预判,如发现后可向相关投标人发起澄清。本问题中投标人 A 提供的业务专用章如按前面所述经过了法定程序并履行了备案手续建议予以认可。但众所周知,建设工程招标投标活动的投标人是企业法人参与,只有企业法人公章才能准确代表单位投标行为。因此,建议招标文件在此问题上做出准确约定,如投标文件必须加盖单位法人公章,以避免其他投标人提出异议或投诉。

38 投标文件中商务标部分未提供综合单价分析表是否可以否决其投标？

某项目招标文件规定投标人工程量清单报价书具体格式应符合工程所在地建设工程造价管理部门编制的《建设工程工程量清单计价办法》中相应的计价文件要求,但未明确格式不符合如何处理。评标时有2家投标人未提供综合单价分析表。请问评标专家可以否决其投标吗？

【解析】

《评标委员会和评标方法暂行规定》(七部委令第12号)第十七条规定:"评标委员会应当根据招标文件规定的评标标准和方法,对投标文件进行系统的评审和比较。招标文件中没有规定的标准和方法不得作为评标的依据。"

工程所在地造价管理部门编制的《建设工程工程量清单计价办法》是建设工程计价依据的组成部分,统一了建设工程工程量清单计价文件的编制原则和计价方法。《建设工程工程量清单计价办法》中规定了工程量清单计价文件的统一格式,但没有规定投标报价文件的组成内容,具体投标文件中商务标的组成内容需要在招标文件中进行明确。

评标委员会在评审中,具体要根据招标文件中"评标办法形式评审""无效标的情形""否决投标条款"等条款内容是否有相关约定进行评审。如均无规定,评标委员会仅凭格式不符合要求而否决其投标则缺少依据,可能会引起异议或投诉。

39 投标文件中不可竞争费中某项费率与招标文件中列明的不一致是否应否决其投标？

　　某项目采用综合评估法评审过程中，投标文件已报价工程量清单部分中，其不可竞争费中某项费率与招标文件中列明的不一致。评标委员会对此产生意见分歧，有的评委认为此项并未在否决其投标条款中列出，不应否决其投标文件，仅得分为零；而有的评委则认为其对投标价款造成了实质性影响，应否决其投标。请问应如何处理？

【解析】

　　关于不可竞争费，安徽省住房和城乡建设厅《关于调整安徽省建设工程不可竞争费构成及计费标准的通知》（建标〔2021〕42号）明确规定：编制与审核建设工程造价时，相应费用应按规定费率计取，不应调整。《安徽省建设工程费用定额》（2018版）中明确规定：编制与审核建设工程造价时，其费率应按定额规定费率计取，不应调整。

　　由此可见，不可竞争费不属于投标人自主报价项，其子项应严格按照招标文件列明的费率填报。但投标人对其费率进行了调整，且招标文件中"否决投标条款"中并未对此列明。

　　《招标投标法实施条例释义》第五十一条指出，招标人应根据招标项目的具体特点和需要，将对合同履行有重大影响的内容或因素设定为实质性要求和条件，如招标项目的质量要求、工期（交货期）、技术标准和要求、合同主要条款、投标有效期等；第五十七条指出，合同的主要条款包括合同标的、价款、质量、履行期限等实质内容，应当与招标文件和中标人的投标文件一致。

　　综上，价款属于实质性要求一项，而不可竞争费属于投标文件中已标价工程量清单的一项重要组成部分，即属于构成合同价款的重要组成项，理应满足招标文件的实质性要求。而对于未达到招标文件实质性要求的，应否决其投标。投标人在编制工程量清单报价部分时，应按照相关政策规定，对投标报价中不可竞争部分应严格按照规定执行。在招标文件编制过程中，招标人对重要条款应予以明确，如在"否决投标条款"中集中列明，避免投标人犯此类错误。

40 **专业工程分包招标中投标人漏计少计总承包服务费是否可以否决其投标?**

施工总承包单位进行幕墙工程专业分包招标,招标文件规定总承包服务费按3%计入其他项目清单。投标人A将总承包服务费按1%计入,投标人B未计总承包服务费。请问是否都应否决其投标?

【解析】

《中华人民共和国建筑法》第二十九条规定:建筑工程总承包单位可以将承包工程中的部分工程发包给具有相应资质条件的分包单位;但是,除总承包合同中约定的分包外,必须经建设单位认可。

《建设工程工程量清单计价规范》第 2.0.21 条规定:总承包服务费是指总承包人为配合协调发包人进行的专业工程发包,对发包人自行采购的材料、工程设备等进行保管以及施工现场管理、竣工资料汇总整理等服务所需的费用。在总承包项目招标时,招标人应预计该项费用并按投标人的投标报价向投标人支付该项费用。编制招标工程量清单时,招标人应将拟定进行专业发包的专业工程、自行采购的材料设备等决定清楚,填写工程名称、服务内容,以便投标人决定报价。投标时,费率及金额由投标人自主报价,计入投标总价中。

上述提到的"投标人",在项目中标后即为施工总承包单位,在专业工程分包招标时,总承包服务费是建设单位与总承包单位已经明确的费用,对专业工程分包招标来说不属于投标人可以竞争的费用。投标人 A、投标人 B 均未按招标文件规定进行报价,属于未响应招标文件实质性要求,应当否决其投标。

41 评标过程中投标人澄清时间过长被评委否决其投标是否正确？

某工程项目评标过程中，投标人A提供的项目经理社保证明材料复印件中姓名和参保月份模糊，不能清楚辨认，评标委员会经研究，启动澄清程序，要求投标人A重新提供一份可清楚辨认的社保证明复印件，或当场从社保局网站打开网页查询并打印提交。数小时后评标委员会完成了评标报告准备离场时，投标人才提交了重新打印的复印件，辩称公司那边一时联系不上，本人登录密码忘记等原因，事后经核实重新提交的社保证明材料是真实的，但部分评委却不认可此材料，认为评标报告已出，评标工作已完成，此时再收取投标人的材料已无意义。请问在此情形下评标委员会否决其投标是否正确？

【解析】

《中华人民共和国招标投标法实施条例》第五十二条规定：投标文件中有含义不明确的内容、明显文字或者计算错误，评标委员会认为需要投标人做出必要澄清、说明的，应当书面通知该投标人。本问题中投标人A的社保证明材料复印件中姓名和参保月份模糊，不能清楚辨认，评标委员会因此启动澄清程序是符合法规要求的。但本问题的争议是评标委员会在完成评标工作后，投标人A才提供了澄清文件，且该文件是真实的，争议的焦点仿佛是评标委员会是否认定该文件的有效性问题。

提供清楚可辨认的社保证明材料是投标人响应招标文件的必然要求，评标委员会为慎重起见，在不超出投标文件的范围或者改变投标文件的实质性内容的前提下可以启动澄清程序，此做法保证了投标人的相关合法权益，但本问题中的情形并非一定要采取澄清程序，评标委员会完全可以对模糊、不可辨认的投标文件不予认可。因此，在合理的澄清时间内投标人A仍不能提供合格的证明材料，评标委员会完全可否决其投标。

综上，笔者认为：投标文件的编制是要付出成本的，投标人在完成编制后应认真建立复核制，确保不因某些低级失误导致失去中标资格。评标委员会在细节上严谨的同时要把握大方向，严格按照法律法规和招标文件规定的评标办法评审，推荐合格的中标人。

06

>>

公示阶段

42　邀请招标项目是否需要公示中标候选人?

某依法必须招标的工程项目,经批准采用邀请招标方式发包。现评标已经完成,评标委员会推荐了3名中标候选人,请问该项目需要公示中标候选人吗?

【解析】

《中华人民共和国招标投标法实施条例》第五十四条规定:依法必须进行招标的项目招标人应当自收到评标报告之日起3日内公示中标候选人,公示期不得少于3日。

因此,邀请招标项目是否需要公示中标候选人,其判定依据是该项目是否属于依法必须招标的项目,而不是该项目是否采用了公开招标的方式。本项目属于依法必须招标的工程项目,依法应当在指定发布媒介公示中标候选人。

43 中标公示期间第一中标候选人受到建设行政主管部门行政处罚,公示期结束后中标单位能否继续签订施工合同?

　　某投标人中标一工程项目,公示期间经其他中标候选人反映,该投标人一在建工地发生重大安全事故,被当地建设行政主管部门下达了工程项目停工整改通知书,并暂扣安全生产许可证6个月,且从下发之日起生效。请问该投标人此次中标项目能否继续签订施工合同?

【解析】

　　该问题为《中华人民共和国招标投标法实施条例》第二十条规定在中标候选人推荐后中标人确定前这一时间段内的具体适用,即对中标候选人的履约能力审查。《中华人民共和国招标投标法实施条例》第五十六条指出:中标候选人的经营、财务状况发生较大变化或者存在违法行为,招标人认为可能影响其履约能力的,应当在发出中标通知书前由原评标委员会按照招标文件规定的标准和方法审查确认。《招标投标法实施条例释义》对此的解释主要有以下三点:一是本条所指违法行为,不限于本次招标活动中发生的,只要发生违法行为的后果对本次招标的评标结果和合同的履行产生影响,也应包括在内;二是中标候选人虽有违法行为,但招标人认为不影响中标结果或者履约能力的,不需要启动该程序;三是在时间阶段上,该程序适用于评标结束后中标通知书发出前;在审查主体上,履约能力审查的主体为原评标委员会;在审查依据上,履约能力审查的标准和方法,应当为招标文件规定的标准和方法,不得另搞一套。

　　综上,笔者认为:根据《招标投标法实施条例释义》的解释,该投标人此次中标项目能否继续签订施工合同的决定权在于招标人,由招标人决定此时中标候选人的资格条件发生变化后是否具备项目履约能力,回归了项目法人责任制的本源。

44 第一中标候选人被否决其投标后，招标人能否在第二中标候选人递补中标和重新招标之间任意选择？

某工程项目第一中标候选人在公示期后被否决其投标，在公示期间，第二中标候选人一在建工地发生重大安全事故，受到主管部门行政处罚，招标人认为第二中标候选人近期在工地现场管理方面存在不足，担心递补其中标后会影响本工程现场安全管理，从而选择了重新招标。请问此做法是否正确？

【解析】

《招标投标法实施条例释义》第五十六条指出，该问题发生在评标结束后中标通知书发出前，属于对中标候选人履约能力审查，在启动原因上，必须是中标候选人的经营状况、财务状况发生较大变化或者存在违法行为，且招标人认为可能影响其履约能力的。经营状况发生较大变化既包括因为市场行情改变、管理不善或者经营决策失误而导致的经营困难，也包括所承担业务已超出经营能力，或者主要技术人员离职、不再满足招标文件规定的资格条件等情形；财务状况发生较大变化，通常指资不抵债、流动资金紧张等情形；本条所指违法行为，不限于本次招标活动中发生的，只要发生违法行为的后果对本次招标的评标结果和合同的履行产生影响，也应包括在内。

本问题中第二中标候选人在公示期间收到了行政处罚，对于一般的招标文件来说，必触动了否决其投标的条款，对此招标人认为其履约能力不满足招标文件要求，决定重新招标符合要求。

但是，招标人能否在第二中标候选人递补中标和重新招标之间任意选择呢？《招标投标法实施条例释义》第五十五条指出，本条之所以规定招标人可以依次选择其他中标候选人为中标人，也可以重新招标，而没有规定招标人必须选择排名第二的中标候选人为中标人，主要是与《中华人民共和国招标投标法》第六十四条规定保持一致，防范中标候选人彼此串通，以及减少恶意投诉。本条虽然赋予了招标人选择权,但招标人要理性行使这一权利。在其他中标候选人符合中标条件、能够满足招标需求的情况下,招标人应尽量依次确定中标人,以节约时间和成本,提高效率。当然,在其他中标候选人与招标预期差距较大,或者依次选择中标人对招标人明显不利时,招标人可以选择重新招标。例如,排名在后的中标候选人报价偏高,或已在其他合同标段中标,履约能力受到限制,或同样存在串通投标等违法行为等,招标人可以选择重新招标。本问题即在第二中标候选人履约能力受到限制情况下,招标人才做此选择,并不可任意做出重新招标的决定。

45 公示期间排名前两名的中标候选人存在同一异议事项应如何处理？

某工程项目中标公示显示,公示期间第一中标候选人被提出异议,称投标人提供的业绩非近3年业绩,不符合招标文件要求,招标人组织评标委员会调查处理后,将递补的第二中标候选人作为第一中标候选人,并再次公示,其间再次受到投诉称第二中标候选人存在同一问题。请问招标人该如何处理,此类情形是否需要二次公示?

【解析】

《招标投标法实施条例释义》第五十四条规定:全部中标候选人均应当进行公示。除非因异议、投诉等改变了中标候选人名单或者排名次序,应同时公示全部中标候选人而不是只公示排名第一的中标候选人,这对于国有资金投资占控股或者主导地位的项目尤其重要,可以避免出现《中华人民共和国招标投标法实施条例》第五十五条规定的情形时的重复公示,以兼顾效率。相应地,其他投标人和利害关系人对评标结果有异议的,其异议应当针对全部中标候选人,而不能仅针对排名第一的中标候选人,否则将可能丧失针对排名第二和第三的中标候选人提出异议和投诉的权利。

综上,笔者认为:公示的主体是中标候选人,公示投标人的数量按照招标文件的规定,按照评标报告中推荐的顺序1到3名不等。公示投标人数量少为1家时,可以降低其他中标候选人异议或投诉的比例,但一旦经投诉取消第一中标候选人资格后,招标人必须要重新招标,将增加项目招标成本,拖延项目招标进度。如果公示投标人数量多为3家时,异议或投诉比例有可能上升,但招标人一般不会重新招标。另外,针对第一中标候选人被提出异议的问题,招标人应将其他中标候选人一起核实,如存在同样的问题则依据招标文件的规定一并处理,这样就不存在问题中讲到的重复公示问题。如再次公示后第二中标候选人仍被异议,而异议内容与第一次公示中第一中标候选人被异议的内容不同,则招标人需要重新调查核实判定。

46 公示期间对第一中标候选人提出异议成立，是否需要重新计算各投标人得分后重新公布新的中标候选人？

　　某工程项目招标投标公示期间，招标人收到异议，称第一中标候选人存在违规行为。经核实后，评标委员会取消了第一中标候选人的相应资格，按照招标文件评标办法要求，对各投标人重新打分排序，重新推荐了1~3名中标候选人。请问此做法是否正确？

【解析】

　　《中华人民共和国招标投标法实施条例》第五十五条规定：国有资金占控股或者主导地位的依法必须进行招标的项目，招标人应当确定排名第一的中标候选人为中标人。排名第一的中标候选人放弃中标、因不可抗力不能履行合同、不按照招标文件要求提交履约保证金，或者被查实存在影响中标结果的违法行为等情形，不符合中标条件的，招标人可以按照评标委员会提出的中标候选人名单排序依次确定其他中标候选人为中标人，也可以重新招标。该条释义指出：排名第一的中标候选人被查实存在影响中标结果的违法行为，根据《中华人民共和国招标投标法》和《招标投标法条例》规定，这类违法行为包括弄虚作假、串通投标、行贿，或者招标文件载明的属于实质性要求和条件的其他违法行为。

　　综上，笔者认为：排名第一的中标候选人不符合中标条件的，由第二中标候选人递补作为第一中标候选人，是有相关法律依据的，另从招标投标实践中看，此做法赋予了招标人选择权，但招标人要理性行使这一权利。对中标候选人进行排序，其主要目的就是在能够满足招标需求的情况下，招标人应尽量依次确定中标人。本问题所述情况，无须再对各投标人重新计算分值排序，以节约时间和成本，提高效率，同时可防范中标候选人之间串通，减少相关恶意投诉，在投标有效期内顺利完成招标进程。

47 未经异议的投诉行业主管部门能否受理？

某工程项目招标投标活动中标通知书发出后，某投标人向行业主管部门投诉，称项目招标文件中投标人资格设置条款不合理，行业主管部门认为对招标文件的投诉应以异议为前提，现中标通知书已发出，不再受理该投诉。请问该处理方式是否正确？

【解析】

《中华人民共和国招标投标法实施条例》第六十条规定：就本条例第二十二条、第四十四条、第五十四条规定事项投诉的，应当先向招标人提出异议。该条释义指出，包括资格预审文件、招标文件、开标和评标结果事项的投诉，应当以向招标人提出异议为前提。对资格预审文件有异议的，应当在资格预审申请截止时间2日前提出；对招标文件有异议的，应当在投标截止时间10日前提出；对开标的异议应当在开标会上当场提出；对依法必须进行招标项目的评标结果有异议的，应当在中标候选人公示期间提出。其主要考虑：一是鼓励投标人和其他利害关系人通过异议方式解决招标投标争议，异议一般通过招标人的解释说明可以快捷地得到化解，而投诉处理则必须经过调查，履行法定程序；二是减轻行政负担，以便有效利用有限的行政资源处理异议程序无法解决的投诉。

如上所述，是不是没有经过异议的投诉行业主管部门就不能受理了呢？这样确定的中标人明显缺乏公平性就无法监管了吗？

笔者认为：《中华人民共和国招标投标法》是一部"程序法"，立法内容严格按照招标投标活动流程进行约定，法律规定了上述三种情况涉及的投诉应以异议作为前提条件，就是规定了投标人拥有相关权利是有时效性的，过了期限则权利失效。本问题中投标人在招标文件发出后10日内可向招标人就招标文件相关条款提出异议，如招标人不答复或对招标人的答复不满意，投标人可向行业主管部门提出投诉。一旦过了此期限，如中标通知书都已发放了才就此提出投诉，明显违反了法律规定，则投标人的权利不受保护。同时会影响招标人的利益,增加了行政成本。

但有读者提到在失去公平性的条件下确定的中标人就无法监管了吗?笔者以工程招标代理机构资格取消前一事举例,如一代理机构超资质承揽业务,招标投标活动结束后招标人与中标人签订了施工合同。此做法招标代理无效,但不表示招标无效,即所签的施工合同是有效的。本问题中确定了中标人后,行业主管部门有招标投标活动监管职责,对招标投标活动存在的违法违规行为理应依法查处,对投诉不具备前置条件下可不受理,但通过其他监管方式如"双随机一公开"等专项方式予以监管,对不严谨的做法提请各方主体修改完善,在合同实施过程中,加强对中标人的事中事后监管,监督中标人按照招标文件、投标文件和施工合同履约,从而保障项目顺利进行。

48 招标人可以提起投诉吗?

某招标项目在评标过程中,评标委员会发现投标人A、B的标书多处打印异常一致,存在疑似串标行为,但又无法根据投标文件的内容直接给予认定,即向招标人进行反映,招标人能否就此向招标投标行政监督部门提起投诉?

【解析】

《招标投标法实施条例释义》第六十条规定:一、投诉的主体是投标人和其他利害关系人。

招标人是招标投标活动的主要当事人,是招标项目和招标活动毫无疑义的利害关系人,但是招标人不得滥用投诉。招标人能够投诉的应当限于那些不能自行处理,必须通过行政救济途径才能解决的问题。典型的是投标人串通投标、弄虚作假,资格审查委员会未严格按照资格预审文件规定的标准和方法评审,评标委员会未严格按照招标文件规定的标准和方法评标,投标人或者其他利害关系人的异议成立但招标人无法自行采取措施予以纠正等情形。

综上,笔者认为:投诉主体应当包括招标人。本问题中投标人A、B的标书多处打印异常一致,属于《中华人民共和国招标投标法实施条例》第四十条视为投标人相互串通投标情形之第四款,但评标委员会在评标时又缺少进行查证的必要手段,因此招标人为稳妥起见,遂向行政监督部门提出投诉,由行政监督部门依法处理。

49 第二中标候选人以非法手段取得的竞争对手证明材料是否被认定为存在问题？

　　某工程项目中标候选人公示期间，第二中标候选人向招标人提出异议，称第一中标候选人存在业绩造假问题，招标人随即进行了答复。第二中标候选人对异议答复不满，向行业主管部门进行投诉。行业主管部门经调查询问投诉人投诉材料的来源时，投诉人不能给予合理的解释，因此对投诉人的要求予以驳回。请问此做法是否正确？

【解析】

　　《中华人民共和国招标投标法实施条例》第六十一条规定：投诉人捏造事实、伪造材料或者以非法手段取得证明材料进行投诉的，行政监督部门应当予以驳回。该项目公示内容并没有中标候选人的业绩内容，因此投诉人相关证明资料来源的合法性存疑。本问题中根据上述规定，行业主管部门对第二中标候选人的投诉要求予以驳回的做法是正确的。

　　笔者认为：随着投标人维权意识的不断增强，投诉人涉嫌以非法手段取得的真实材料进行投诉的事例明显增多，因此建议行业主管部门在处理此类投诉中，本着实事求是的原则，只要投诉符合法律法规规定的形式及内容要件，就应当予以受理。受理后经查证投诉事项不实或者证明材料不符合《中华人民共和国招标投标法实施条例》规定的，再予以驳回。在调查中认定与投诉人有关的竞争对手存在弄虚作假等违法违规行为的，行业主管部门应当予以处理。

50　投标人涉及招标文件中否决其投标的条款，哪些情形应受到行业主管部门的行政处罚，哪些情形则不需受到行政处罚而是被责令重新定标？

　　某工程项目中标候选人公示阶段，第一中标候选人被投诉，称其3个月前因招标投标违规行为受到A市公共资源交易监督管理局处理并被通报。根据招标文件的规定：投标人近3年内不得因招标投标违法违规行为受到招标投标监管机构处理，否则不得被推荐为中标候选人。投诉人要求给予第一中标候选人这种弄虚作假行为以行政处罚并重新定标。随后，行业主管部门并未对第一中标候选人下达行政处罚决定，只是责令招标人重新定标。请问此举是否正确？

【解析】

　　《中华人民共和国招标投标法实施条例》第六十八条列出了属于投标人弄虚作假骗取中标的情形，该条释义中又提到了其他弄虚作假的情形：一是提交虚假的资质证书等许可证件；二是提供虚假的财务状况或者业绩；三是提供虚假的信用状况；四是提供虚假的项目主要人员及证明材料等。然而本问题中提到的投标人近3年内不得因招标投标违法违规行为受到招标投标监管机构处理的行为属于招标投标活动双方的约定，招标文件中并未要求投标人提供该证明材料。第一中标候选人此举只是违反了招标文件要求，根据招标文件的规定不得被推荐为中标候选人。若招标文件要求投标人提供相关证明文件，则第一中标候选人因其在3个月前由于招标投标违规行为受到A市公共资源交易监督管理局的处理并被通报，但在其提供的证明文件中没有提及，则属于弄虚作假行为。

　　综上，笔者认为：在招标投标活动中投标人应严格按照招标文件规定的条款参与投标，在"否决其投标"的条款中，除法律法规内罚则规定的事项是明确否决的内容外，有时根据招标人的需要会增设一些否决事项。行业主管部门在投诉处理中,行政执法的依据来源是招标投标法律法规,对于法律法规中未规定的事项,行业主管部门则无法直接下达行政处罚决定。但招标投标活动是当事人双方的民事行为活动,对于这种未违反法律法规但违反招标文件要求的情形,行业主管部门可要求当事人双方按照招标文件的约定重新定标。

51 《中华人民共和国招标投标法实施条例》第四十条中"视为投标人相互串通投标"情形应如何处理？

《中华人民共和国招标投标法实施条例》第三十九条列出了属于投标人相互串通投标的情形，第四十条列出了视为投标人相互串通投标的情形。这二者之间的区别是什么，对视为串标的情形应如何处理？

【解析】

根据《招标投标法实施条例释义》，对于《中华人民共和国招标投标法实施条例》第三十九条所列的情形，应当认定为串通投标，评标委员会应否决相关投标并同时报告有关行政监督部门，由行政监督部门依法给予行政处罚。对于《中华人民共和国招标投标法实施条例》第四十条所列的情形，采用的是"视为"这种表述。"视为"是一种将具有不同客观外在表现的现象等同视之的立法技术，是一种法律上的拟制。尽管如此，"视为"的结论并非不可推翻和不可纠正。为避免适用法律错误，评标过程中评标委员会可以视情况给予投标人澄清、说明的机会；评标结束后投标人可以通过投诉寻求行政救济，由行政监督部门做出认定。且"视为"必须具备一定的客观外在表现，不宜设立兜底条款。但有其他证据证明投标人串通投标的，评标委员会、行政监督部门、仲裁机构和法院可以依法做出认定，而不限于本条所罗列的情形。

综上，笔者认为：《中华人民共和国招标投标法实施条例》第三十九条所列情形可直接作为对投标人之间相互串标的判定依据，第四十条所列情形在行业主管部门对投标人之间是否相互串标的判定中提供重要参考，即通常所说的存在"自由裁量权"，要求行业主管部门由所列情形之客观表象查找是否有串标之实，待相关认定资料充足后方可判定。

52 评标委员会复评追加否决其投标情况是否合理？

　　某工程项目评标期间，某评委发现投标人 A 提交的投标文件中有两处存在应"否决其投标"情形：一是拟派项目经理未提供注册建造师证书；二是投标文件规费计算错误导致工程造价汇总错误。该评委认为第一条已满足否决其投标条件，在评标报告中对投标人 A 否决其投标原因中，对第二条原因没有写入。公示期间投标人 A 向代理机构提出异议，称拟派项目经理注册建造师证书已在投标文件中提交，后评标委员会经过复评，发现证书复印件这张纸因投标书制作原因，该纸上有粘胶与上一页粘在一起，该评委没有注意，故未发现其证书复印件。但该评委又将否决其投标的第二条原因答复了投标人 A。投标人 A 不服，认为公示阶段没有这项否决原因，随即向主管部门投诉。请问该评委此做法是否合理？此情形应如何处理？

【解析】

　　《评标委员会和评标方法暂行规定》第四十二条规定：评标委员会完成评标后，应当向招标人提出书面评标报告，并抄送有关行政监督部门。评标报告应当如实记载以下内容：（五）否决投标的情况说明。投标人存在否决其投标的情形，在评标报告中，评标委员会应全面详细地予以说明。投标人 A 在投标文件中存在的两处内容违反招标文件规定，评标委员会只针对一处提出否决意见，在投标人 A 提出异议后，复评阶段评标委员会再将原本发现的一处否决意见增加上，造成了投标人 A 的投诉。

　　本问题中，该评委应负有主要责任，对投标文件审查不严，擅自做主对否决其投标条款未完整写入评标报告，违反了《中华人民共和国招标投标法实施条例》第七十一条：（六）对应当依法否决的投标不提出否决意见，造成了其他投标人的不公平，应对该评委予以处罚。代理机构也应承担一定责任，对第一条否决其投标原因未予以复核，完全交由评委听之任之，评标报告汇总把关不严，对招标投标活动造成了不好的影响。

  综上,笔者认为:在实际评标过程中,对于评标委员会在否决某投标人后对该投标人的投标文件不再评审的现象,如判定正确则无影响,如判定错误则对整个招标活动影响较大。虽然公示期间第一条否决其投标原因不成立,但第二条原因违反了招标文件要求,同样应否决其投标。同时应对该评委予以教育处罚并列入评委考核。在否决投标时,应将全部被否决因素列出,由全体评委共同研究做出决定,以确保准确无误。

08 >>

合同签订**阶段**

53 **投标有效期已过是否可以依序定标?**

　　某工程建设项目,中标人签订合同后迟迟不进场施工,建设单位拟单方面解除合同。现该项目投标有效期已过,请问该项目施工合同解除后,能否对评标报告中已排序的中标候选人依序顺延,即确定第二中标候选人为新中标人并签订合同?

【解析】

　　《招标投标法释义》第二十五条指出,投标有效期是投标文件保持有效的期限。投标文件是投标人根据招标文件向招标人发出的要约,根据《民法典》有关承诺期限的规定, 投标有效期为招标人对投标人发出的要约做出承诺的期限,也是投标人就其提交的投标文件承担相关义务的期限。合理的投标有效期不但要考虑开标、评标、定标和签订合同所需的时间,而且要综合考虑招标项目的具体情况、潜在投标人的信用状况以及招标人自身的决策机制。

　　从法律属性来看,投标文件属于要约,中标通知书属于承诺。投标文件一般都注有投标有效期,属于附期限的要约,一旦超出该有效期,投标文件自动失效。本问题中招标人在超出该期限后做出新的承诺,则该承诺不具有法律效力。因此,该项目投标有效期已过,不宜与第二中标候选人签订合同,即使签订了合同,所签合同也无效。

54 中标通知书发出 30 日后签订合同是否有效？

某工程建设项目，招标人与中标人因在对合同履行等方面进行了较长时间的磋商，在发出中标通知书之日起 40 日后签订了施工合同。在合同履行过程中双方发生纠纷，一方主张合同签订时间超出中标通知书发出之日起 30 日，违反强制性法律规定，该合同无效。此说法是否正确？

【解析】

《中华人民共和国招标投标法》第四十六条第一款规定：招标人和中标人应当自中标通知书发出之日起30日内，按照招标文件和中标人的投标文件订立书面合同。

《民法典》第一百四十三条规定：具备下列条件的民事法律行为有效：（一）行为人具有相应的民事行为能力；（二）意思表示真实；（三）不违反法律、行政法规的强制性规定，不违背公序良俗。第一百五十三条规定：违反法律、行政法规的强制性规定的民事法律行为无效。

综上，《中华人民共和国招标投标法》并没有规定超过30日签订的合同无效，也没有规定超过30日签订合同的行为是违反法律、行政法规的强制性规定而被列入罚则。因此笔者认为：该做法并不导致合同不成立。超过30日且在投标有效期内签订合同，该合同符合法律法规以及招标文件和投标文件要求，则该合同有效。但此做法可由监管部门列入信用记录。

55 中标通知书发出后合同签订前，中标人资格条件发生变化，中标人能否继续签订施工合同？

　　某投标人中标一工程项目，中标通知书发出后，投标项目经理遭遇突发变故不能履职，导致中标人资格条件发生变化，中标人请求更换项目经理后继续签订施工合同。请问招标人该如何处理？

【解析】

　　此问题发生在中标通知书已发出阶段，《中华人民共和国招标投标法实施条例》第五十七条规定：招标人和中标人应当依照招标投标法和本条例的规定签订书面合同，合同的标的、价款、质量、履行期限等主要条款应当与招标文件和中标人的投标文件的内容一致。招标人和中标人不得再行订立背离合同实质性内容的其他协议。《招标投标法实施条例释义》对中标通知书的效力解释为："中标通知书对招标人和中标人具有法律效力。从合同订立的角度讲，中标通知书是招标人对中标人做出的承诺。《民法典》第四百八十三条规定，承诺生效时合同成立。第五百零○二条规定，依法成立的合同，自成立时生效。"

　　由此看出，中标通知书发出后即意味着合同成立，此阶段招标投标工作已基本完成，进入书面合同签订阶段，中标人可以在不改变合同实质性条款内容下与招标人对合同实施细节进行协商。投标项目经理因遭遇不可抗力不能履职，甲乙双方应基于招标投标文件中合同相关条款的要求进行协商，是经招标人同意中标人更换一名不低于投标项目经理标准的人员履行合同，还是招标人对投标项目经理不能履职而决定重新招标并发起对中标人索赔等，上述做法无论如何进行，均是在合同成立后发生的事件，应按照合同相关条款的约定进行解决。

　　综上，笔者建议将本问题与本书第四十三项问题即中标公示期间第一中标候选人资格发生变化后能否继续签订施工合同之情形结合思考，二者发生在招标投标活动的不同阶段，在处理方式上也存在差异。

56 中标通知书发放后签订施工合同前，中标人提前进场组织施工，其间发生纠纷如何处理？

某工程项目因工期要求紧张，招标人在中标通知书发放后，即要求中标人提前进场组织施工。中标人在遵循原实质性条款前提下，对合同履行细节方面并未进行磋商，即采购了一些工程用材料，签订了供货合同。后招标人与中标人因合同细节未能谈妥，无法签订中标合同，从而发生纠纷。请问该情况应当如何处理？

【解析】

《中华人民共和国招标投标法实施条例》第五十七条规定：招标人和中标人应当依照招标投标法和本条例的规定签订书面合同，合同的标的、价款、质量、履行期限等主要条款应当与招标文件和中标人的投标文件的内容一致。招标人和中标人不得再行订立背离合同实质性内容的其他协议。

根据《招标投标法释义》对此条款的解释（二）合同成立与生效。本条之所以规定中标通知书发出后招标人与中标人还要签订书面合同，是因为招标投标程序和合同履行过程比较长，合同内容比较复杂，往来文件比较多，且招标投标过程中不允许招标人与投标人就实质性内容进行谈判，因此招标人和中标人需要通过签订书面合同确认合同内容，补充完善有关合同履行的细节，按照招标文件和中标人的投标文件订立书面合同，作为合同生效的特别要件。

招标人和中标人应当在中标通知书发出后 30 日之内签订合同，签订合同之后再实际履行义务。未签订合同就开始实施招标项目，存在一定法律风险。因此，笔者认为：本问题中提前进场施工是在招标人要求及批准下进行的，故主要责任在招标人。从合同订立的角度讲，中标通知书是招标人对中标人做出的承诺。《民法典》第四百八十三条规定，承诺生效时合同成立。虽然未签订合同，但是招标人已经发出中标通知书且开始履行，双方的责任和义务已经确定。在此情况下，如双方发生争议，应当依据招标文件、投标文件的内容协商尽快补签合同,如就补签合同、继续履行协商不成时,应终止履行合同。招标人除应将中标人已经完成项目的费用进行支付外,还应补偿给其造成的其他损失。

57 投标人资格条件符合招标文件要求但不符合行业主管部门规定，中标后签订的合同是否无效？

　　某一钢结构工程施工招标文件规定，投标人需具备钢结构专业承包相应资质或具备钢结构组件生产制造能力。中标公示显示一钢结构组件生产制造企业为第一中标候选人，公示期间招标人收到异议，称钢结构组件生产制造企业不具备工程承包资格。最后钢结构组件生产制造企业仍被确定为中标人，并与招标人签订了承包合同。请问钢结构组件生产制造企业能否承揽此项目？

【解析】

　　《中华人民共和国招标投标法》第十八条规定：招标人可以根据招标项目本身的要求，在招标公告或者投标邀请书中，要求潜在投标人提供有关资质证明文件和业绩情况，并对潜在投标人进行资格审查；国家对投标人的资格条件有规定的，依照其规定。很明显，对于钢结构施工项目，住建部是有相关的资质标准予以规定的，因此在投标人资格条件的设置上应按照规定执行。《中华人民共和国招标投标法实施条例》第八十二条规定：依法必须进行招标的项目的招标投标活动违反招标投标法和本条例的规定，对中标结果造成实质性影响，且不能采取补救措施予以纠正的，招标、投标、中标无效。本问题中招标文件规定：投标人应当具有钢结构专业承包相应资质或钢结构组件生产制造能力。事实上，仅具有钢结构组件生产制造能力因无相关施工资质应不具备此类项目的投标资格，因此招标、投标、中标无效，更不必说所签订合同的有效性问题。

　　综上，笔者认为：由于钢结构工程项目的特殊性，实际中钢结构企业一开始多以钢结构制作为企业的主要经营内容，具有生产厂房和基地，然后向设计或安装方向拓展经营范围。因此，钢结构企业首先具有制造业的生产特点，然后又具有建筑业的施工特点。目前钢结构企业多数按传统建筑企业的资质划分标准和办法获得资质等级，并没有根据钢结构企业具有的制造业生产特点对其制作的资质等级制定标准进行认定。本问题中招标文件在设置投标人资格条件方面应严格依据相关法律法规的规定去设置,钢结构组件生产制造企业因无相关施工资质应不具备投标资格。同时招标代理机构应认真了解施工企业资质管理相关规定,积极咨询行业主管部门对资格管理方面的相关要求,以保证招标投标活动顺利开展。

09

>>

合同履约**阶段**

58 施工总承包企业能否对总承包范围内的无专业工程施工资质的项目进行施工？

某房建工程项目招标文件规定，该项目招标范围包括单体建筑的施工及幕墙工程，投标人需具备房屋建筑工程施工总承包一级资质。有的潜在投标人提出异议，指出幕墙工程施工较为专业，应增加建筑幕墙工程专业承包企业资质条件，房屋建筑工程施工总承包企业无法承揽此项工程施工，招标文件对投标人资质标准设置不合理。请问此说法是否正确？

【解析】

住房和城乡建设部《房屋建筑工程施工总承包业资质等级标准》规定：房屋建筑工程是指工业、民用与公共建筑（建筑物、构筑物）工程。工程内容包括地基与基础工程，土石方工程，结构工程，屋面工程，房屋内、外部的装修装饰工程，上下水、供暖、电器、卫生洁具、通风、照明、消防、防雷等安装工程。很明显，幕墙工程属于房屋外部装修部分，按照规定房屋建筑工程总承包企业是可以承揽的。但在实际工作中，因幕墙工程或智能化工程等较为专业，往往在合同中明确作为独立发包或专业分包一项由具备专业资质的企业承揽。但是不是说总承包企业就不能施工上述工程呢？答案是否定的。施工总承包，顾名思义，是指合同范围内所有工程均由具备相应总承包资质的企业施工，在总承包范围内，对非主体工程可以依法分包。只要该专业工程在合同约定的总承包范围内，施工总承包企业当然可以承揽，至于施工总承包企业是独立施工还是依法分包则根据合同约定来实施。

综上，笔者认为：招标文件中投标人资格条件的设置十分重要，招标人应事先做好充分的调研，摸清建筑市场上符合项目要求的施工企业的大致数量和施工能力，根据项目要求有针对性地设置投标人资质条件，不应设置与招标项目不相干的资质条件，以减少招标投标阶段相关异议投诉，保证选择到合格的施工单位。

59 建筑施工企业母公司承接工程后交子公司施工是否属于违法转包？

　　某集团公司中标一工程后，决定将该工程全部转交其全资子公司承接。请问该做法是否属于违法转包？

【解析】

　　《中华人民共和国公司法》第十四条第二款规定，公司可以设立子公司，子公司具有法人资格，依法独立承担民事责任。因此，具有独立法人资格的子公司对于母公司而言，无论是全资子公司还是控股子公司，在法律性质上与"第三人""其他单位"没有本质的区别。

　　关于转包的认定，在住建部2014年发布的《建筑工程施工转包违法分包等违法行为认定查处管理办法（试行）》第六条和第七条予以定义，并列举了认定情形。转包是指施工单位承包工程后，不履行合同约定的责任和义务，将其承包的全部工程或者将其承包的全部工程肢解后以分包的名义分别转给其他单位或个人施工的行为。如果母公司签订总包合同后，将全部工程转给子公司施工，或者肢解分包给子公司施工，则符合关于转包的认定。

　　综上，笔者认为：若母公司承接建筑工程后将所承接工程交由其子公司实施，招标人难以考察子公司的资质、资金、管理、技术和人员等，子公司的履约能力无法通过招标投标程序进行筛选，因此该做法属于违法转包。

10

其他**重要事项**

60 建设工程招标投标成果文件的档案资料应如何保存，需保存多久？

　　某招标代理机构小王在完成一项目招标代理活动后，按照当地公共资源交易中心要求，需协助完成项目招标投标成果文件的档案资料的整理归档工作。小王刚从事代理工作不久，在翻阅了相关法律法规后，未发现对建设工程招标投标成果文件归档的相关规定。请问小王该如何处理？

【解析】

　　《中华人民共和国招标投标法》第四十七条规定：依法必须进行招标的项目，招标人应当自确定中标人之日起十五日内，向有关行政监督部门提交招标投标情况的书面报告。各位读者看到本问题后，很可能第一直觉就会联想到"招标投标情况的书面报告"，再继续整理，如招标文件、投标文件、评标报告等。但针对建设工程招标投标成果文件归档的相关要求目前招标投标法律法规没有明确规定。然后在实际操作中，一方面行业主管部门提出了归档要求，另一方面代理机构为了企业自身的业务积累，也需要做好这方面工作。

　　安徽省地方标准《建设工程招标代理规程》(DB34/T 5013—2015)第十七章《招标投标档案管理》对此方面做了详细规定，其中要求档案的形式可采取纸质、电子介质、影像等方式。保存期限应不少于5年。成果文件应包括以下内容，并按以下顺序归档：①工程招标代理委托合同；②招标事宜备案表及附件资料；③工程建设项目招标的前期资料；④招标公告或者投标邀请书；⑤资格预审文件，合格申请人的资格预审申请材料，资格审查报告；⑥招标文件(含工程量清单)以及对招标文件的澄清或者修改文件；⑦评标报告；⑧中标公示；⑨中标通知书；⑩中标人投标文件；⑪资格预审申请人获取资格预审文件或潜在投标人获取招标文件一览表；⑫评标专家的抽取、通知以及招标人代表记录表；⑬最高投标限价(招标控制价)或标底的成果文件；⑭投诉处理过程资料；⑮对工程招标代理评价意见表。

另外,对于未中标单位的投标资料是否需要保存,因招标项目相关投标资料过多,实践中很多单位只保存与合同履约有关的资料,即中标单位的资料,对未中标单位的投标资料并未保存。

综上,笔者认为:在目前招标投标法律法规对建设工程招标投标成果文件归档没有明确规定下,《建设工程招标代理规程》(DB34/T 5013—2015)作为安徽省地方推荐标准,具有重要参考性,能够为实际工作中解决此类问题提供依据。

61 如何区分"无效投标""投标无效""废标""否决其投标"的概念?

某代理机构刚入职工作人员小王,在跟随公司项目负责人参加招标投标活动中,经常在开标评标现场听到"无效投标""投标无效""废标""否决其投标"的概念,觉得字面表述十分相似。请问如何正确区分这些概念?

【解析】

"无效投标"是指投标行为不具备法律效力,如由于投标人的投标文件没有按照招标文件的要求进行处理以至于不符合招标文件的要求,而在开标前被招标代理机构拒绝,不能进入开标评标程序,法律界定其递交的投标文件为无效的投标文件。

"投标无效"是指投标文件对招标文件没有做实质性响应,被评标委员会评审为不符合要求的投标文件。《中华人民共和国招标投标法实施条例》第三十四条、第三十七条、第三十八条、第八十二条规定了多种"投标无效"情形。

"废标"一词由来已久,自2013年《关于废止和修改部分招标投标规章和规范性文件的决定》(国家发改委令第21号)颁布以后,建设工程招标投标相关法律法规中不再使用"废标"一词,统一改为"否决其投标"或"否决投标"。当前"废标"特指在政府采购法中招标采购活动作废,需重新组织招标采购工作,在政府采购中招标采购单位和政府采购监督部门拥有"废标权"。

"否决其投标"是投标文件中投标人不符合招标文件中设置的资格条件或没有响应招标文件实质性要求,由评标委员会对特定投标人做出的评审结论。《中华人民共和国招标投标法实施条例》第五十一条规定了"否决其投标"情形。在招标投标中评标委员会拥有"否决权"。

综上,笔者认为:《中华人民共和国招标投标法》是一部程序法,以上这四个概念有其所在的招标投标活动中不同环节上的定义,也有《中华人民共和国招标投标法》等法律法规等不断修订完善的结果。读者应扎实掌握基础理论,方能灵活运用于招标投标实践。

62　何为建设工程保证保险,建设工程保证保险存在哪些优势?

　　当前某些大型政府投资的建设工程项目招标中,鼓励投标人采取工程保证保险形式替代投标保证金,何为建设工程保证保险,其优点是什么?

【解析】

　　《中华人民共和国担保法》规定,担保方式为保证、抵押、质押、留置和定金。在建设工程活动中,保证是最常用的一种担保方式。所谓保证,是保证人和债权人约定,当债务人不履行债务时,保证人按照约定履行债务或者承担责任的行为。在建设工程活动中,由于担保的标的额较大,保证人往往是银行,也有信誉较高的其他担保人,如担保公司。银行出具的保证通常为保函,其他保证人出具的书面保证一般称为保证书。

　　建设工程保证保险,属于保证保险当中的合同保证保险。这是在工程建设过程中由保险公司提供的一种工程担保机制,可以涵盖建设工程招标投标、合同履约、工程款支付、质量保证、农民工工资支付等各个阶段和环节。我国的建筑工程保证保险最早可追溯至 2013 年。2013 年 2 月 6 日,住房和城乡建设部发布《关于进一步促进工程勘察设计行业改革与发展若干意见》(建市〔2013〕23 号),指出将积极运用保险机制引导工程担保制度发展。

　　2014 年 7 月 1 日《住房和城乡建设部关于推进建筑业发展和改革的若干意见》(建市〔2014〕92 号),指出探索从主要依靠资质管理等行政手段实施市场准入,逐步转变为充分发挥社会信用、工程担保、保险等市场机制的作用,实现市场优胜劣汰。规范工程质量保证金管理,积极探索试行工程质量保险制度,对已实行工程质量保险的工程不再预留质量保证金。

　　2017 年 2 月 21 日,国务院办公厅发布《关于促进建筑业持续健康发展的意见》(国办发〔2017〕19 号),强调要引导承包企业以银行保函或担保公司保函的形式,向建设单位提供履约担保。

2018 年 7 月 2 日,住建部发布《关于加快推进实施工程担保制度的指导意见》,明确指出:到 2020 年,各类保证金的保函替代率提升 30%。意见还从政策层面再次扩大了保函的界限:银行保函、工程担保公司保函以及工程保证保险保单统称保函。

2015 年 7 月 22 日,安徽省住房和城乡建设厅发布《关于推行建筑工程施工合同履约保证保险工作的通知》(建市函〔2015〕1364 号)。此项通知带来了保证保险在国内的首次实践。建筑企业参加试点项目投标前应与履约保证保险公司签订投标保证金履约保证保险合约,报名时出具履约保证保险合约,视同已经缴纳投标保证金。中标试点项目的建筑企业与履约保证保险公司签订建筑工程施工合同履约保证保险合约,按照建筑工程施工合同履约保证保险试点项目组织实施。

就其优势而言,从国家层面上看,目前工程保证保险已可全面替代保证金,工程保证保险保单已具有和现金保证金、银行保函以及工程担保公司保函同等的法律效力,能够解决当前建筑企业流动资金负担过重问题,发挥市场配置资源的决定性作用,充分调动建筑工程项目各方主体的积极性。与此同时,保险公司对质量信誉较好的施工企业提供保险服务,通过市场的角度优选出一批合格的施工企业,对那些质量信誉较差的企业拒之保险服务门外,进一步促进建筑市场信用体系建设,在促进建筑业转型升级加快发展上取得新突破。

63 定额人工费与市场人工价格的区别和联系是什么？

某项目招标文件中未约定人工费调整的风险承担，投标人是否可以按市场人工价格调整定额人工费？

【解析】

定额人工费是指依据定额人工单价乘以定额中规定的工日得出的费用，是计算取费的根本。定额中的人工费包含的内容有：①基本工资；②工资性补贴；③生产工人辅助工资；④职工福利；⑤生产工人劳动保护费；⑥参加社会保障保险按规定由职工个人缴纳费用。其中定额人工单价按"××元/工日"表示。

市场人工价格通常是以单一的劳动时间、劳动强度、技术含量为基础，并根据市场劳动力供求量等因素形成的一个市场人工费价格，如某建筑工种人工价格，按"××元/日"表示。从内容上看较为单纯，更直观、好算、好接受。

定额人工费与市场人工价格的区别：

(1)定额人工单价和市场人工价格是完全不同的，其计算过程相对复杂，绝不是市场上简单的一个工人干一天的市场人工价格。定额人工按照8个小时为1个工作日，市场人工的工作时间一般为8~10小时，劳动强度大于定额的平均劳动水平。定额人工数量根据社会平均劳动水平不扣除节假日、雨雪天等进行折算确定单价，市场人工仅按实际工作时长数量支付。定额人工包括基本用工和辅助用工，不分工种、等级，均以综合工日表示；市场人工价格按照不同工种确定，如模板工、电焊工、普通工等，价格差别较大。

(2)定额人工费低于市场人工价格，但定额人工消耗量大于市场人工消耗量，本质上来说是以量补价，所以最终反映到二者价格上的差异基本相等。由于定额人工和实际人工工作时间、价格组成的不同，以及定额人工消耗量和单价与实际市场的差别，定额人工费与实际人工费差别很大。主管部门会根据建筑劳务市场的变化，适时调整定额人工单价，以求客观反映建设工程人工单价水平。

定额人工费与市场人工价格的联系：定额人工中的消耗量是由建设行政主管部门根据合理的施工组织设计、正常施工条件下，制定生产一个规定计量单位合格产品所需人工、材料、机械台班的社会平均消耗量标准。定额中的综合工日单价是多数职工经过努力可以达到或超过的。市场人工价格反映的劳动消耗量和价格水平，是编制定额消耗量和计提人工单价的重要依据，定额人工费是对市场人工价格的约束与规范，二者相互紧密相连。定额的编制，更有益于规范市场公平、公开竞争，维护招标投标双方合法利益，保障劳动者权益，促进企业提高生产技能，改善管理水平，有利于国家对基本建设投资的控制。

因此，为更好地反映建设工程实际造价水平，定额人工单价的调整应符合省级或行业建设主管部门发布的人工费调整规定，合同当事人应按省级或行业建设主管部门或其授权的工程造价管理机构发布的人工费等文件调整合同价格，但承包人对人工费或人工单价的报价高于发布价格的除外。

64 投诉、举报、信访的区别及处理方法有哪些?

　　某投标人小王对一项目中标结果不满意,决定依法保护自己的权益,但面对投诉、举报、信访三种申诉方法,小王不知道哪一种较为有效,请问如何处理?

【解析】

　　投诉、举报、信访三种方式均为投标人依法申诉渠道。

　　第一种投诉方式,其法律依据有《中华人民共和国招标投标法》第六十五条、《中华人民共和国招标投标法实施条例》第五章和《工程建设项目招标投标活动投诉处理办法》(发改委等七部委令第 11 号)。其中,《工程建设项目招标投标活动投诉处理办法》第七条至第十条清楚列举了投诉人的投诉方式和条件。

　　第二种举报方式,其法律依据有《住房城乡建设部关于印发〈住房城乡建设领域违法违规行为举报管理办法〉的通知》(建稽〔2014〕166 号)。《住房城乡建设领域违法违规行为举报管理办法》第七条、第八条清楚列举了举报是否受理的条件和处理方式。

　　第三种信访方式,其法律依据有《信访工作条例》。《信访工作条例》于 2022 年 1 月 24 日由中共中央政治局会议审议批准,2022 年 2 月 25 日中共中央、国务院发布。《信访工作条例》第十七条清楚列举了信访人提出信访事项的方式。

　　综上,笔者认为:投标人向招标投标监管机构依法提出相关诉求的唯一直接渠道是投诉方式,且投诉人必须是实名制,否则投诉受理机关可依法不予受理。举报的受理部门多为纪检部门,且按规定对于非实名举报可存在不予受理情形。信访方式则较为扩大化,受理部门多为县级以上人民政府或政府组成部门,受理后对信访事项仍转交行业主管部门办理。因此,对于投诉人的诉求最为直接有效的渠道是采取投诉方式,直接向行业监管机构投诉,行业监管机构应按照规定时限向投诉人答复,投诉人对投诉答复不满意则可采取行政复议或行政诉讼的方式继续申诉自己的权利。

65 中标候选人的推荐由评标委员会负责,若评标委员会的评审结论明显错误,招标代理机构应如何处理?

> 某建筑工程项目评审过程中,评标委员会的评审结论存在明显错误,且与招标人的预期相差较大,但因中标候选人的推荐由评标委员会负责,招标人再次组织评标委员会进行了重新评审,评标委员会仍坚持原评审意见,拒不修改,此结果令招标人和其他未中标的候选人无所适从。此种情况招标代理机构应如何处理?

【解析】

《中华人民共和国招标投标法实施条例》第四十九条规定:评标委员会成员应当依照招标投标法和本条例的规定,按照招标文件规定的评标标准和方法,客观、公正地对投标文件提出评审意见。招标文件没有规定的评标标准和方法不得作为评标的依据。实际操作中,偶尔会出现评标委员会的评标结果存在明显错误,或者与招标人、投标人的预期大相径庭。这其中有评标专家业务水平的问题,也有评标专家不客观公正履职的问题。

《中华人民共和国招标投标法实施条例》第七十一条规定:评标委员会成员有下列行为之一的,由有关行政监督部门责令改正;情节严重的,禁止其在一定期限内参加依法必须进行招标的项目的评标;情节特别严重的,取消其担任评标委员会成员的资格:(一)应当回避而不回避;(二)擅离职守;(三)不按照招标文件规定的评标标准和方法评标;(四)私下接触投标人;(五)向招标人征询确定中标人的意向或者接受任何单位或者个人明示或者暗示提出的倾向或者排斥特定投标人的要求;(六)对依法应当否决的投标不提出否决意见;(七)暗示或者诱导投标人做出澄清、说明或者接受投标人主动提出的澄清、说明;(八)其他不客观、不公正履行职务的行为。该条款为相关主体处理此类问题提供了依据。

综上,笔者认为:该问题应分为两个方面考虑。一方面,如果是评标专家的业务水平问题造成的评标结果存在明显错误，且重新评审后仍不愿修改的，根据《中华人民共和国招标投标法实施条例》第七十一条第三款规定责令改正。即根据招标人或代理机构要求，提请行业主管部门站在客观公正的角度，本着对项目负责的态度，根据招标人或代理机构的申请，召集专家进行复评，根据评审结论决定是否纠正原评标结果。过程中应保留详细的资料备查。另一方面，如果是评标专家的不客观公正履职问题，则除了责令改正纠正原评标结果的同时，对评标委员会成员还应依法进行处罚，保障评标的客观公正性。

66 建筑施工企业信用评定结果如何纳入建筑工程施工招标投标评分中？

　　某代理机构项目负责人小王在编制招标文件过程中，根据A市行业主管部门相关规定，在信用分设置一项约定为将投标人在省级工程建设监管和信用管理平台上的得分直接作为综合评分法中的一项得分，且占比5%。而小王在B市承揽类似项目代理业务中，B市的行业主管部门则规定投标人在省级工程建设监管和信用管理平台上的得分加上投标人在该市以往承揽项目后各方主体给予评价打分的加权平均分作为该投标人信用分，并作为综合评分法中的一项得分，且占比10%。两市将信用评定结果运用各不相同，如何评价哪一种更为合理？

【解析】

　　为建立健全建筑市场信用体系，完善建筑市场和施工现场联动管理机制，维护建筑市场秩序，促进依法诚信建设经营，建设部先后发布了《关于加快推进建筑市场信用体系建设工作的意见》（建市〔2005〕138号）和《建筑市场诚信行为信息管理办法》（建市〔2007〕9号），2017年12月11日住房和城乡建设部又出台了《建筑市场信用管理暂行办法》（建市〔2017〕241号）。随后，部分省市出台了相关文件，将建筑施工企业信用评定结果纳入房屋建筑和市政基础设施工程施工招标投标评分项目中，规定了在资格预审情况下、采用综合评估法情况下和采用经评审的最低投标价法或合理最低投标价法评标情况下，信用分如何发挥其作用。

　　笔者认为：并没有一个固定的标准来衡量信用评定结果运用得好与不好，找到最适合当地项目实情的一种评价方法最为重要。原因主要有三个方面：一是信用评价其实是一种大数据运用，投标人的信用分在横向范围内包括其在各行各业所获取的信用信息，纵向范围内包括其在一定时间段内所获得的信用信息，因此对行业的选择有其针对性，对时间段的选择也有其指向性。二是根据当前国情,信用信息的获取主要依靠行业主管部门,评价模型的制定也主要是依托于行业主管部门或行业协会。项目属地管理原则造成了不同地市的行业主管部门对信用信息评价模型的制定存在不同,即在建立评价模型过程中,对信用信息的使用上涵盖内容不一致,对信息计分尺度上标准不一致,造成了同一投标人在不同地市的信用分值不一致。如本问题中所讲到的A市和B市情况。三是在具体的使用过程中,本地的施工企业由于在当地承揽项目较多,从而在业绩方面占有优势,一般情况下信用得分较高;而外地施工企业进入当地承揽工程时间不长,评价模型中所有的评分内容较多无法得分,因此大多数的评价模型只好较为客观地给予外地施工企业的信用分值为系统所有施工企业信用分值的平均分,从而引导外地施工企业多多承揽工程,加强企业管理,以更为优势的竞争力投标。

11

附

录

>>

附录1　国家发展和改革委员会集中答复招标投标行业疑难问题

1.关于国有企业下属参股子公司能否参与该国有企业组织的招标的答复

国有企业下属参股子公司能否作为投标人公平参与该国有企业组织的招标投标工作？

答复：《中华人民共和国招标投标法实施条例》第三十四条第一款规定，与招标人存在利害关系可能影响招标公正性的法人、其他组织或者个人，不得参加投标。本条没有一概禁止与招标人存在利害关系的法人、其他组织或者个人参与投标，构成本条第一款规定情形需要同时满足"存在利害关系"和"可能影响招标公正性"两个条件。即使投标人与招标人存在某种"利害关系"，但如果招标投标活动依法进行、程序规范，该"利害关系"并不影响其公正性的，就可以参加投标。

2.关于建设工程中的施工图审查、造价咨询、第三方监测、监测等服务是否属于依法必须招标项目范围的答复

《国家发展改革委办公厅关于进一步做好〈必须招标的工程项目规定〉和〈必须招标的基础设施和公用事业项目范围规定〉实施工作的通知》（发改办法规〔2020〕770 号）第一条第三款规定：对 16 号令第五条第一款第（三）项中没有明确列举规定的服务事项、843 号文第二条中没有明确列举规定的项目，不得强制要求招标。请问：建设工程中的施工图审查、造价咨询、第三方监测、监测等服务，如果该工程属财政全额投资且上述服务费均估算超过一百万元，业主单位是否可以选择不招标？

答复：《国家发展改革委办公厅关于进一步做好〈必须招标的工程项目规定〉和〈必须招标的基础设施和公用事业项目范围规定〉实施工作的通知》（发改办法规〔2020〕770 号）规定，没有法律、行政法规或国务院规定依据的，对 16 号令第五条第一款第（三）项没有明确列举规定的服务事项，不得强制要求招标。施工图审查、造价咨询、第三方监测服务不在列举规定之列，不属于必须招标的项目,但涉及政府采购的,按照政府采购法律法规规定执行。

3.关于招标代理服务费应由哪一方支付的答复

《招标代理服务收费管理暂行办法》(计价格〔2002〕1980号)文件在2016年1月1日31号发出的公文中已列入作废名单,请问招标代理服务费应该由谁来支付,支付标准依据哪条规定?

答复:原《招标代理服务收费管理暂行办法》(计价格〔2002〕1980号)已被2016年1月1日发布的《关于废止部分规章和规范性文件的决定》(中华人民共和国国家发展和改革委员会令第31号)废止,目前国家层面对招标代理服务费的支付主体未做强制性规定。招标代理服务费应由招标人、招标代理机构与投标人按照约定方式执行。

4.关于与建筑物和构筑物新建、改建、扩建无关的1 000万元装修工程是否必须招标的答复

请问国有企业项目且与建筑物和构筑物新建、改建、扩建无关的单独的1 000万元装修工程,是不是必须招标项目?

答复:根据《中华人民共和国招标投标法实施条例》第二条的规定,《中华人民共和国招标投标法》第三条所称工程建设项目是指工程以及与工程建设有关的货物、服务。前款所称工程是指建设工程,包括建筑物和构筑物的新建、改建、扩建及其相关的装修、拆除、修缮等。据此,以上所咨询的工程项目不属于《中华人民共和国招标投标法》规定的依法必须招标项目。

5.关于《必须招标的工程项目规定》适用范围的答复

请问《必须招标的工程项目规定》第五条所称的"与工程建设有关的重要设备、材料等的采购"是否包括国有施工企业非甲供物资采购?国有施工企业承接的符合第二条至第四条的工程项目,由施工企业实施重要设备、材料采购的,是否必须招标?

答复:根据《中华人民共和国招标投标法实施条例》第二十九条的规定,招标人可以依法对工程,以及与工程建设有关的货物、服务全部或者部分实行总承包招标。以暂估价形式包括在总承包范围内的工程、货物、服务属于依法必须进行招标的项目范围且达到国家规定规模标准的,应当依法进行招标。《国务院办公厅关于促进建筑业持续健康发展的意见》(国办发〔2017〕19号)规定,除以暂估价形式包括在工程总承包范围内且依法必须进行招标的项目外,工程总承包单位可以直接发包总承包合同中涵盖的其他专业业务。据此,国有工程总承包单位可以采用直接发包的方式进行分包,但以暂估价形式包括在总承包范围内的工程、货物、服务分包时,属于依法必须进行招标的项目范围且达到国家规定规模标准的,应当依法招标。

6.关于获取招标文件时间限制的答复

招标投标法和招标投标法实施条例规定招标文件的发售期不得少于5日,自招标文件开始发出之日起至投标人提交投标文件截止之日止,最短不得少于20日。由于现在我们都实行电子招标投标,招标文件都是潜在投标人自己在网上交易平台获取,也不收费,我们就有一个想法,就是不限制投标文件获取时间,投标截止时间前潜在投标人都可以从网上交易平台获取招标文件,但是从潜在投标人可以获取招标文件之日起到投标截止时间仍然要求不少于20日。

答复:《中华人民共和国招标投标法实施条例》第十六条规定招标文件发售期不得少于5日,是为了保证潜在投标人有足够的时间获取招标文件,以保证招标投标的竞争效果。因此,为了更多地吸引潜在投标人参与投标,招标人在确定具体招标项目的资格预审文件或者招标文件发售期时,应当综合考虑节假日、文件发售地点、交通条件和潜在投标人的地域范围等情况,在招标公告中规定一个不少于5日的合理期限。

7.关于中标候选人公示与中标公告区别的答复

在招标投标过程中,经评标后,招标人发布中标候选人公示,公示结束后发布中标公告。请问中标候选人公示与中标公告的区别在什么地方?各具备哪些法律效力?

答复:根据《中华人民共和国招标投标法实施条例》第五十四条,依法必须进行招标的项目,招标人应当自收到评标报告之日起 3 日内公示中标候选人,公示期不得少于 3 日。投标人或者其他利害关系人对依法必须进行招标的项目的评标结果有异议的,应当在中标候选人公示期间提出。招标人应当自收到异议之日起 3 日内做出答复,做出答复前,应当暂停招标投标活动。

中标结果公示的性质为告知性公示,即向社会公布中标结果。中标候选人公示与中标结果公示均是为了更好地发挥社会监督作用的制度。两者区别:一是向社会公开相关信息的时间点不同,前者是在最终结果确定前,后者是最终结果确定后;二是中标候选人公示期间,投标人或者其他利害关系人可以依法提出异议,中标结果公示后则不能提出异议。

8.关于招标人及招标文件编制有关问题的答复

针对建设单位已经确定、项目已经批准的政府投资建设工程招标,请问:①招标人是仅指项目建设单位,是否还同时包括管理该建设单位的地方政府?②地方政府或有关部门能否在不与国家或国务院行业主管部门已发布的标准招标文件相抵触的前提下,再制定更加细化的招标文件文本或评标标准和方法,要求政府投资建设工程的招标人应当使用?

答复:问题①:《中华人民共和国招标投标法》第八条规定,招标人是依照本法规定提出招标项目、进行招标的法人或者其他组织。

问题②:地方政府在不与国家或国务院行业主管部门已发布的标准招标文件相抵触的前提下,可以为本地区政府投资建设工程的招标人制定更加细化的标准文件文本,但不得非法干涉招标投标活动,不得以此种方式不合理限制招标人自主权。

9.关于国家发改委令第10号条款细节咨询的答复

根据第六条的规定,依法必须招标项目的中标候选人公示应当载明以下内容:①中标候选人排序、名称、投标报价、质量、工期(交货期),以及评标情况;②中标候选人按照招标文件要求承诺的项目负责人姓名及其相关证书名称和编号;③中标候选人响应招标文件要求的资格能力条件;④提出异议的渠道和方式;⑤招标文件规定公示的其他内容。依法必须招标项目的中标结果公示应当载明中标人名称。问题如下:①第六条第三款中,规定公示中标人响应招标文件要求的资格能力条件,请问这些资格能力条件具体包括哪些文件?烦请详细列出予以说明。是否包括用于证明业绩的合同复印件?是否包括技术人员的职业证书等相关文件?②若需要将用以响应招标文件要求的资格能力条件中的业绩合同复印件进行公示,是否会对投标人的商业秘密构成侵害?③除了公布总分、排序、报价等基本内容,是否需要将评标委员会评分的每一小项的分数都予以公示?建议:作为国企采购,希望在招标投标的公示方面做到规范化、透明化,因此也一直都有按照国家的法律法规进行相关公示,但有一些条款规定的公示内容太过笼统,公示少了又怕影响投标人及公众的知情权,公示多了又怕侵犯中标人的商业秘密。所以希望能够明确哪些资料(具体列明)是必须公示的,并举出相应的例子(比如包括合同证明、资质证书等),这样更有利于公示的规范化。

答复:问题①:中标候选人响应招标文件要求的资格能力条件具体包括哪些文件要视具体招标项目要求而定,无法通过立法做出统一规定。

问题②:《招标公告和公示信息发布管理办法》(国家发展改革委令第 10 号)只要求公开中标候选人响应招标文件要求的资格能力条件,未要求公开证明业绩的合同复印件等证明文件。

问题③:关于是否需要公示评标委员会评分的每一小项的分数,目前各地做法各不相同,国家层面没有统一规定。但招标人从提高招标投标活动透明度、接受社会监督的角度出发自愿公开的, 可以在中标候选人公示中公布相关内容,但评标委员会成员的名单应当保密。

10.关于《工程建设项目施工招标投标办法》有关条文理解的答复

关于《工程建设项目施工招标投标办法》(七部委令〔2013〕第 30 号)第八条(四)"有招标所需的设计图纸及技术资料"的条文理解。该条文"设计图纸"指什么设计深度的图纸,初步设计图纸还是施工图设计图纸?在施工图设计文件未经审查批准时,工程建设项目采用初步设计图纸招标是否符合该条规定?

答复:《建设工程勘察设计管理条例》第二十六条规定,编制初步设计文件,应当满足编制施工招标文件、主要设备材料订货和编制施工图设计文件的需要。编制施工图设计文件,应当满足设备材料采购、非标准设备制作和施工的需要,并注明建设工程合理使用年限。《工程建设项目施工招标投标办法》(七部委令第 30 号)对"设计图纸"的设计深度未做具体规定,招标人可根据项目所属行业的有关规定以及项目实际需要采用初步设计图纸或施工图设计文件进行招标。

11.关于招标投标经营范围不限是否意味着不需要行政许可的答复

《国家发展改革委办公厅 市场监管总局办公厅关于进一步规范招标投标过程中企业经营资质资格审查工作的通知》(发改办法规〔2020〕727 号)规定:招标人在招标项目资格预审公告、资格预审文件、招标公告、招标文件中不得以营业执照记载的经营范围作为确定投标人经营资质资格的依据,不得将投标人营业执照记载的经营范围采用某种特定表述或者明确记载某个特定经营范围细项作为投标、加分或者中标条件,不得以招标项目超出投标人营业执照记载的经营范围为由认定其投标无效。这个文件的出台是否意味着没有医疗器械经营许可或备案的经营企业都可以做二类、三类医疗器械? 如果招标文件没有明确规定,是否意味着所有企业也都可以做二、三类医械? 如果是这样,那要医疗器械的行政许可和监管还有什么意义?

答复:《国家发展改革委办公厅 市场监管总局办公厅关于进一步规范招标投标过程中企业经营资质资格审查工作的通知》(发改办法规〔2020〕727 号)规定,招标项目对投标人经营资质资格有明确要求的,应当对其是否被准予行政许可、取得相关资质资格情况进行审查。该文件的出台并非意味着没有医疗经营器械经营许可或备案的企业都可以生产二类、三类医疗器械。对于依法需取得行政许可或备案方能从事的特定行业,应当先取得相关许可或完成备案。

12.关于对发改办法规〔2020〕727号文咨询的答复

因住房和城乡建设部取消园林绿化资质后同时要求不得以任何方式,强制要求将城市园林绿化企业资质或市政公用工程施工总承包等资质作为承包园林绿化工程施工业务的条件。对于绿化项目施工招标招标人都采用经营范围内含"园林绿化",以此对投标人进行要求,而727号文规定不能如此进行要求。那对于绿化工程、人工造林工程如何对投标人进行要求?

答复:《国家发展改革委办公厅 市场监管总局办公厅关于进一步规范招标投标过程中企业经营资质资格审查工作的通知》(发改办法规〔2020〕727号文)规定,招标项目对投标人的资质资格有明确要求的,应当对其是否被准予行政许可,取得相关资质资格情况进行审查,不应以对营业执照经营范围的审查代替,或以营业执照经营范围明确记载行政许可批准件上的具体内容作为审查标准。对于不实行资质管理的行业,招标人可根据实际需要,从业绩等方面对投标人提出要求。

13.如何理解《中华人民共和国招标投标法实施条例》第七十条中"规定"范围

《中华人民共和国招标投标法实施条例》第七十条规定:"依法必须进行招标的项目的招标人不按照规定组建评标委员会……",条款中"规定"除法律法规的规定,是否包括规范性文件、招标文件的规定?

答复:《中华人民共和国招标投标法实施条例》第七十条中的"规定"指的是对依法组建评标委员会的法定要求,主要包括《中华人民共和国招标投标法》《中华人民共和国招标投标法实施条例》,以及《评标委员会和评标方法暂行规定》等部门规章、行政规范性文件,不包括招标文件。

14.如何理解《必须招标的工程项目规定》中"合同估算价"

《必须招标的工程项目规定》(国家发展和改革委员会令第16号)中提到的"勘察、设计、监理等服务的采购,单项合同估算价在100万元人民币以上的,必须招标"。此处的"单项合同估算价"是否可以帮助明确如何理解?估算价一般指的是初步设计概算中的金额,估算价前面加了"合同"二字,即合同估算价,这要怎么理解呀?举个例子,监理费按照收费标准测算是150万元,超过了100万元,此时这个 150 万元是否就是理解为合同估算价?那换一个例子,安全影响评估费无收费标准,往往只能通过市场询价的方式来确定底价,若通过询价得到的价格是 150 万元,那这个价格是否也可以理解为合同估算价?合同估算价是否指的是收费标准测算后且未下浮的金额或无收费标准经市场询价后未下浮的金额?

答复:《必须招标的工程项目规定》(国家发展和改革委员会令第 16 号)中的"合同估算价",指的是采购人根据初步设计概算、有关计价规定和市场价格水平等因素合理估算的项目合同金额。在没有计价规定情况下,采购人可以根据初步设计概算的工程量,按照市场价格水平合理估算项目合同金额。

15.关于对16号令及770号文中"国有企业"及"占控股或者主导地位"咨询的答复

《必须招标的工程项目规定》(国家发展和改革委员会令第 16 号)第二条规定:全部或者部分使用国有资金投资或者国家融资的项目包括:……(二)使用国有企业事业单位资金,并且该资金占控股或者主导地位的项目。

(1)16 号令第二条中第二项中规定:使用国有企业事业单位资金,其中的"国有企业"仅指国有全资企业还是也包括国有控股企业?

(2)770 号文中"第(二)项中'占控股或者主导地位',参照《公司法》第二百一十六条关于控股股东和实际控制人的理解执行,即'……出资额或者持有股份的比例虽然不足百分之五十,但依其出资额或者持有的股份所享有的表决权已足以对股东会、股东大会的决议产生重大影响的股东'……"应当如何理解?是否指国有企业依其投入项目的资金所享有的表决权已足以对有关项目建设的决议产生重大影响这一情形?例如,在一个国有控股企业(国有股权51%)和外资企业共同投资的工程建设项目中,国有控股企业出资 60%,外资企业出资40%,虽然该项目不属于国有企业投入项目的资金按国有股权的比例折算后的资金占项目总资金的 50%以上的情形,但国有控股企业由于其出资占整个项目投资的 60%,其所享有的表决权已足以对有关项目建设的决议产生重大影响,所以该项目仍然属于必须招标的项目吗?

答复:关于问题(1),"使用国有企业事业单位资金"中的"国有企业"也包括国有控股企业。

关于问题(2),《关于进一步做好〈必须招标的工程项目规定〉和〈必须招标的基础设施和公用事业项目范围规定〉实施工作的通知》(发改办法规〔2020〕770号）规定,《必须招标的工程项目规定》(国家发展和改革委员会令第16号,以下简称"16号令")第(二)项中"占控股或者主导地位",参照《公司法》第二百一十六条关于控股股东和实际控制人的理解执行,即"其出资额占有限责任公司资本总额百分之五十以上或者其持有的股份占股份有限公司股本总额百分之五十以上的股东；出资额或者持有股份的比例虽然不足百分之五十,但依其出资额或者持有的股份所享有的表决权已足以对股东会、股东大会的决议产生重大影响的股东"。具体到本例中,该项目中国有资金所享有的表决权已足以对有关项目建设的决议产生重大影响,属于"国有资金占主导地位",如其勘察、设计、施工、监理以及与工程建设有关的重要设备、材料等的单项采购分别达到16号令第五条规定的相应单项合同价估算标准的,该单项采购必须招标。

16.关于对工程总承包如何确定依法必须招标范围咨询的答复

按现行招标投标法律法规,招标项目一般分为服务(勘察、设计、造价咨询、监理、评估等)、施工和物资材料三大类,其招标限额分别为100万元、400万元和200万元。请问工程总承包(EPC,包括勘察设计、施工和物资材料)应属于哪一类,其限额怎么确定呢?

答复:《关于进一步做好〈必须招标的工程项目规定〉和〈必须招标的基础设施和公用事业项目范围规定〉实施工作的通知》(发改办法规〔2020〕770号)规定,对于《必须招标的工程项目规定》(国家发展和改革委员会令第16号,以下简称"16号令")第二条至第四条规定范围内的项目,发包人依法对工程以及与工程建设有关的货物、服务全部或者部分实行总承包发包的,总承包中施工、货物、服务等各部分的估算价中,只要有一项达到16号令第五条规定相应标准,即施工部分估算价达到400万元以上,或者货物部分达到200万元以上,或者服务部分达到100万元以上,则应当招标。

17.关于"可以不进行招标"情形的答复

《中华人民共和国招标投标法实施条例》第九条规定:除招标投标法第六十六条规定的可以不进行招标的特殊情况外,有下列情形之一的,可以不进行招标:(二)采购人依法能够自行建设、生产或者提供。

咨询内容:①"采购人依法能够自行建设、生产或者提供"如何理解,这种"能够"是否包含采购人的子公司"能够"? ②以发展集团为例,旗下有建筑子公司,若发展集团自筹自建项目可否不进行招标直接委托旗下全资或控股子公司修建? 若不行,从一般常识和道理,自己家的事情不能叫自己人做,确实无法理解,难以接受。

答复:对于《中华人民共和国招标投标法实施条例》第九条第(二)项有关"采购人依法能够自行建设、生产或者提供"的规定,应符合以下相关要求:一是采购人是指符合民事主体资格的法人或者其他组织, 不包括与其相关的母公司、子公司,以及与其具有管理或利害关系的,具有独立民事主体资格的法人、其他组织;二是采购人自身具有工程建设、货物生产或者服务提供的资质和能力;三是采购人不仅要具备相应的资质和能力,还应当符合法定要求,对于依照法律法规规定采购人不能自己同时承担的工作事项,采购人应当进行招标。本条规定中的采购人是指项目投资人本身, 而不是投资人委托的其他项目业主,否则若任何项目通过委托有资质能力的项目业主即可不进行招标,将使招标制度流于形式。

18.关于公开招标有关问题咨询的答复

咨询内容:①若干个应依法公开招标的项目是否可以合并在一起只进行一次招标? ②应依法公开招标的项目招标人是否可以委托其他机构(非招标代理机构)作为招标人(非招标代理)进行招标?

答复:关于问题①,现有招标投标的相关法律、行政法规对于本问题中提到的情形并没有做出明确的禁止性规定。为了提高招标效率和降低交易成本,招标人可以根据实际需要,对一定期限内的重复性招标项目或者不同实施主体的同类招标项目进行集中招标,但是不得有限制、排斥潜在投标人或者投标人等违法违规行为。

关于问题②,项目业主可以委托其他单位作为招标人,如代建制、集中招标。

19.关于政府投资项目能否通过第三方招标投标电子交易平台进行交易的答复

答复:《电子招标投标办法》第六条规定,依法设立的招标投标交易场所、招标人、招标代理机构以及其他依法设立的法人组织可以按行业、专业类别,建设和运营电子招标投标交易平台。国家鼓励电子招标投标交易平台平等竞争。《"互联网+"招标采购行动方案(2017—2019年)》明确提出,积极引导社会资本按照市场化方向建设运营电子招标投标交易平台。同时,促进交易平台公平竞争,不得排斥、限制市场主体建设运营的交易平台,限制对接交易平台数量,为招标人直接指定交易平台。

20.关于自行招标备案制项目应该向哪个部门备案的答复

《中华人民共和国招标投标法》第十二条第三条规定"依法必须进行招标的项目,招标人自行办理招标事宜的,应当向有关行政监督部门备案"。关于依法必须进行招标的审批和核准项目,《中华人民共和国招标投标法实施条例》第七条已明确规定"……项目审批、核准部门应当及时将审批、核准确定的招标范围、招标方式、招标组织形式通报有关行政监督部门"。请问依法必须招标的备案制项目如采取自行招标形式的,具体应向哪个行政监督部门备案?

答复:根据《中华人民共和国招标投标法实施条例》第七条规定,备案项目不需要核准招标方案,因此,也不需要到项目备案部门进行自行招标的备案。根据《中华人民共和国招标投标法》第十二条第三款"依法必须进行招标的项目,招标人自行办理招标事宜的,应当向有关行政监督部门备案"的规定,依法必须招标的备案项目自行招标的,应当根据《中华人民共和国招标投标法实施条例》第四条规定向有关行政监督部门备案。

附录 2　中华人民共和国招标投标法

(1999 年 8 月 30 日第九届全国人民代表大会常务委员会第十一次会议通过；根据 2017 年 12 月 27 日第十二届全国人民代表大会常务委员会第三十一次会议《关于修改〈中华人民共和国招标投标法〉〈中华人民共和国计量法〉的决定》修正)

第一章　总　　则

第一条　为了规范招标投标活动,保护国家利益、社会公共利益和招标投标活动当事人的合法权益,提高经济效益,保证项目质量,制定本法。

第二条　在中华人民共和国境内进行招标投标活动,适用本法。

第三条　在中华人民共和国境内进行下列工程建设项目包括项目的勘察、设计、施工、监理以及与工程建设有关的重要设备、材料等的采购,必须进行招标：

(一)大型基础设施、公用事业等关系社会公共利益、公众安全的项目；

(二)全部或者部分使用国有资金投资或者国家融资的项目；

(三)使用国际组织或者外国政府贷款、援助资金的项目。

前款所列项目的具体范围和规模标准,由国务院发展计划部门会同国务院有关部门制订,报国务院批准。

法律或者国务院对必须进行招标的其他项目的范围有规定的,依照其规定。

第四条　任何单位和个人不得将依法必须进行招标的项目化整为零或者以其他任何方式规避招标。

第五条　招标投标活动应当遵循公开、公平、公正和诚实信用的原则。

第六条　依法必须进行招标的项目,其招标投标活动不受地区或者部门的限制。任何单位和个人不得违法限制或者排斥本地区、本系统以外的法人或者其他组织参加投标,不得以任何方式非法干涉招标投标活动。

第七条　招标投标活动及其当事人应当接受依法实施的监督。

有关行政监督部门依法对招标投标活动实施监督,依法查处招标投标活动中的违法行为。

对招标投标活动的行政监督及有关部门的具体职权划分,由国务院规定。

第二章 招 标

第八条 招标人是依照本法规定提出招标项目、进行招标的法人或者其他组织。

第九条 招标项目按照国家有关规定需要履行项目审批手续的,应当先履行审批手续,取得批准。

招标人应当有进行招标项目的相应资金或者资金来源已经落实,并应当在招标文件中如实载明。

第十条 招标分为公开招标和邀请招标。

公开招标,是指招标人以招标公告的方式邀请不特定的法人或者其他组织投标。

邀请招标,是指招标人以投标邀请书的方式邀请特定的法人或者其他组织投标。

第十一条 国务院发展计划部门确定的国家重点项目和省、自治区、直辖市人民政府确定的地方重点项目不适宜公开招标的,经国务院发展计划部门或者省、自治区、直辖市人民政府批准,可以进行邀请招标。

第十二条 招标人有权自行选择招标代理机构,委托其办理招标事宜。任何单位和个人不得以任何方式为招标人指定招标代理机构。

招标人具有编制招标文件和组织评标能力的,可以自行办理招标事宜。任何单位和个人不得强制其委托招标代理机构办理招标事宜。

依法必须进行招标的项目,招标人自行办理招标事宜的,应当向有关行政监督部门备案。

第十三条 招标代理机构是依法设立、从事招标代理业务并提供相关服务的社会中介组织。

招标代理机构应当具备下列条件:

（一）有从事招标代理业务的营业场所和相应资金；

（二）有能够编制招标文件和组织评标的相应专业力量。

第十四条　招标代理机构与行政机关和其他国家机关不得存在隶属关系或者其他利益关系。

第十五条　招标代理机构应当在招标人委托的范围内办理招标事宜，并遵守本法关于招标人的规定。

第十六条　招标人采用公开招标方式的，应当发布招标公告。依法必须进行招标的项目的招标公告，应当通过国家指定的报刊、信息网络或者其他媒介发布。

招标公告应当载明招标人的名称和地址、招标项目的性质、数量、实施地点和时间以及获取招标文件的办法等事项。

第十七条　招标人采用邀请招标方式的，应当向三个以上具备承担招标项目的能力、资信良好的特定的法人或者其他组织发出投标邀请书。

投标邀请书应当载明本法第十六条第二款规定的事项。

第十八条　招标人可以根据招标项目本身的要求，在招标公告或者投标邀请书中，要求潜在投标人提供有关资质证明文件和业绩情况，并对潜在投标人进行资格审查；国家对投标人的资格条件有规定的，依照其规定。

招标人不得以不合理的条件限制或者排斥潜在投标人，不得对潜在投标人实行歧视待遇。

第十九条　招标人应当根据招标项目的特点和需要编制招标文件。招标文件应当包括招标项目的技术要求、对投标人资格审查的标准、投标报价要求和评标标准等所有实质性要求和条件以及拟签订合同的主要条款。

国家对招标项目的技术、标准有规定的，招标人应当按照其规定在招标文件中提出相应要求。

招标项目需要划分标段、确定工期的，招标人应当合理划分标段、确定工期，并在招标文件中载明。

第二十条　招标文件不得要求或者标明特定的生产供应者以及含有倾向或者排斥潜在投标人的其他内容。

第二十一条 招标人根据招标项目的具体情况，可以组织潜在投标人踏勘项目现场。

第二十二条 招标人不得向他人透露已获取招标文件的潜在投标人的名称、数量以及可能影响公平竞争的有关招标投标的其他情况。

招标人设有标底的，标底必须保密。

第二十三条 招标人对已发出的招标文件进行必要的澄清或者修改的，应当在招标文件要求提交投标文件截止时间至少十五日前，以书面形式通知所有招标文件收受人。该澄清或者修改的内容为招标文件的组成部分。

第二十四条 招标人应当确定投标人编制投标文件所需要的合理时间；但是，依法必须进行招标的项目，自招标文件开始发出之日起至投标人提交投标文件截止之日止，最短不得少于二十日。

第三章 投 标

第二十五条 投标人是响应招标、参加投标竞争的法人或者其他组织。

依法招标的科研项目允许个人参加投标的，投标的个人适用本法有关投标人的规定。

第二十六条 投标人应当具备承担招标项目的能力；国家有关规定对投标人资格条件或者招标文件对投标人资格条件有规定的，投标人应当具备规定的资格条件。

第二十七条 投标人应当按照招标文件的要求编制投标文件。投标文件应当对招标文件提出的实质性要求和条件作出响应。

招标项目属于建设施工的，投标文件的内容应当包括拟派出的项目负责人与主要技术人员的简历、业绩和拟用于完成招标项目的机械设备等。

第二十八条 投标人应当在招标文件要求提交投标文件的截止时间前，将投标文件送达投标地点。招标人收到投标文件后，应当签收保存，不得开启。投标人少于三个的，招标人应当依照本法重新招标。

在招标文件要求提交投标文件的截止时间后送达的投标文件，招标人应当拒收。

第二十九条 投标人在招标文件要求提交投标文件的截止时间前,可以补充、修改或者撤回已提交的投标文件,并书面通知招标人。补充、修改的内容为投标文件的组成部分。

第三十条 投标人根据招标文件载明的项目实际情况,拟在中标后将中标项目的部分非主体、非关键性工作进行分包的,应当在投标文件中载明。

第三十一条 两个以上法人或者其他组织可以组成一个联合体,以一个投标人的身份共同投标。

联合体各方均应当具备承担招标项目的相应能力;国家有关规定或者招标文件对投标人资格条件有规定的,联合体各方均应当具备规定的相应资格条件。由同一专业的单位组成的联合体,按照资质等级较低的单位确定资质等级。

联合体各方应当签订共同投标协议,明确约定各方拟承担的工作和责任,并将共同投标协议连同投标文件一并提交招标人。联合体中标的,联合体各方应当共同与招标人签订合同,就中标项目向招标人承担连带责任。

招标人不得强制投标人组成联合体共同投标,不得限制投标人之间的竞争。

第三十二条 投标人不得相互串通投标报价,不得排挤其他投标人的公平竞争,损害招标人或者其他投标人的合法权益。

投标人不得与招标人串通投标,损害国家利益、社会公共利益或者他人的合法权益。

禁止投标人以向招标人或者评标委员会成员行贿的手段谋取中标。

第三十三条 投标人不得以低于成本的报价竞标,也不得以他人名义投标或者以其他方式弄虚作假,骗取中标。

第四章 开标、评标和中标

第三十四条 开标应当在招标文件确定的提交投标文件截止时间的同一时间公开进行;开标地点应当为招标文件中预先确定的地点。

第三十五条 开标由招标人主持,邀请所有投标人参加。

第三十六条 开标时,由投标人或者其推选的代表检查投标文件的密封情况,也可以由招标人委托的公证机构检查并公证;经确认无误后,由工作人员当众拆封,宣读投标人名称、投标价格和投标文件的其他主要内容。

招标人在招标文件要求提交投标文件的截止时间前收到的所有投标文件,开标时都应当当众予以拆封、宣读。

开标过程应当记录,并存档备查。

第三十七条 评标由招标人依法组建的评标委员会负责。

依法必须进行招标的项目,其评标委员会由招标人的代表和有关技术、经济等方面的专家组成,成员人数为五人以上单数,其中技术、经济等方面的专家不得少于成员总数的三分之二。

前款专家应当从事相关领域工作满八年并具有高级职称或者具有同等专业水平,由招标人从国务院有关部门或者省、自治区、直辖市人民政府有关部门提供的专家名册或者招标代理机构的专家库内的相关专业的专家名单中确定;一般招标项目可以采取随机抽取方式,特殊招标项目可以由招标人直接确定。

与投标人有利害关系的人不得进入相关项目的评标委员会;已经进入的应当更换。

评标委员会成员的名单在中标结果确定前应当保密。

第三十八条 招标人应当采取必要的措施,保证评标在严格保密的情况下进行。

任何单位和个人不得非法干预、影响评标的过程和结果。

第三十九条 评标委员会可以要求投标人对投标文件中含义不明确的内容作必要的澄清或者说明,但是澄清或者说明不得超出投标文件的范围或者改变投标文件的实质性内容。

第四十条 评标委员会应当按照招标文件确定的评标标准和方法,对投标文件进行评审和比较;设有标底的,应当参考标底。评标委员会完成评标后,应当向招标人提出书面评标报告,并推荐合格的中标候选人。

招标人根据评标委员会提出的书面评标报告和推荐的中标候选人确定中标人。招标人也可以授权评标委员会直接确定中标人。

国务院对特定招标项目的评标有特别规定的,从其规定。

第四十一条 中标人的投标应当符合下列条件之一:

（一）能够最大限度地满足招标文件中规定的各项综合评价标准；

（二）能够满足招标文件的实质性要求，并且经评审的投标价格最低；但是投标价格低于成本的除外。

第四十二条 评标委员会经评审，认为所有投标都不符合招标文件要求的，可以否决所有投标。

依法必须进行招标的项目的所有投标被否决的，招标人应当依照本法重新招标。

第四十三条 在确定中标人前，招标人不得与投标人就投标价格、投标方案等实质性内容进行谈判。

第四十四条 评标委员会成员应当客观、公正地履行职务，遵守职业道德，对所提出的评审意见承担个人责任。

评标委员会成员不得私下接触投标人，不得收受投标人的财物或者其他好处。

评标委员会成员和参与评标的有关工作人员不得透露对投标文件的评审和比较、中标候选人的推荐情况以及与评标有关的其他情况。

第四十五条 中标人确定后，招标人应当向中标人发出中标通知书，并同时将中标结果通知所有未中标的投标人。

中标通知书对招标人和中标人具有法律效力。中标通知书发出后，招标人改变中标结果的，或者中标人放弃中标项目的，应当依法承担法律责任。

第四十六条 招标人和中标人应当自中标通知书发出之日起三十日内，按照招标文件和中标人的投标文件订立书面合同。招标人和中标人不得再行订立背离合同实质性内容的其他协议。

招标文件要求中标人提交履约保证金的，中标人应当提交。

第四十七条 依法必须进行招标的项目，招标人应当自确定中标人之日起十五日内，向有关行政监督部门提交招标投标情况的书面报告。

第四十八条 中标人应当按照合同约定履行义务，完成中标项目。中标人不得向他人转让中标项目，也不得将中标项目肢解后分别向他人转让。

中标人按照合同约定或者经招标人同意，可以将中标项目的部分非主体、非关键性工作分包给他人完成。接受分包的人应当具备相应的资格条件,并不得再次分包。

中标人应当就分包项目向招标人负责,接受分包的人就分包项目承担连带责任。

第五章　法律责任

第四十九条　违反本法规定,必须进行招标的项目而不招标的,将必须进行招标的项目化整为零或者以其他任何方式规避招标的,责令限期改正,可以处项目合同金额千分之五以上千分之十以下的罚款;对全部或者部分使用国有资金的项目,可以暂停项目执行或者暂停资金拨付;对单位直接负责的主管人员和其他直接责任人员依法给予处分。

第五十条　招标代理机构违反本法规定,泄露应当保密的与招标投标活动有关的情况和资料的,或者与招标人、投标人串通损害国家利益、社会公共利益或者他人合法权益的,处五万元以上二十五万元以下的罚款,对单位直接负责的主管人员和其他直接责任人员处单位罚款数额百分之五以上百分之十以下的罚款;有违法所得的,并处没收违法所得;情节严重的,禁止其一年至二年内代理依法必须进行招标的项目并予以公告,直至由工商行政管理机关吊销营业执照;构成犯罪的,依法追究刑事责任。给他人造成损失的,依法承担赔偿责任。

前款所列行为影响中标结果的,中标无效。

第五十一条　招标人以不合理的条件限制或者排斥潜在投标人的,对潜在投标人实行歧视待遇的,强制要求投标人组成联合体共同投标的,或者限制投标人之间竞争的,责令改正,可以处一万元以上五万元以下的罚款。

第五十二条　依法必须进行招标的项目的招标人向他人透露已获取招标文件的潜在投标人的名称、数量或者可能影响公平竞争的有关招标投标的其他情况的,或者泄露标底的,给予警告,可以并处一万元以上十万元以下的罚款;对单位直接负责的主管人员和其他直接责任人员依法给予处分;构成犯罪的,依法追究刑事责任。

前款所列行为影响中标结果的,中标无效。

第五十三条　投标人相互串通投标或者与招标人串通投标的,投标人以向招标人或者评标委员会成员行贿的手段谋取中标的,中标无效,处中标项目金额千分之五以上千分之十以下的罚款,对单位直接负责的主管人员和其他直接责任人员处单位罚款数额百分之五以上百分之十以下的罚款;有违法所得的,并处没收违法所得;情节严重的,取消其一年至二年内参加依法必须进行招标的项目的投标资格并予以公告,直至由工商行政管理机关吊销营业执照;构成犯罪的,依法追究刑事责任。给他人造成损失的,依法承担赔偿责任。

第五十四条　投标人以他人名义投标或者以其他方式弄虚作假,骗取中标的,中标无效,给招标人造成损失的,依法承担赔偿责任;构成犯罪的,依法追究刑事责任。

依法必须进行招标的项目的投标人有前款所列行为尚未构成犯罪的,处中标项目金额千分之五以上千分之十以下的罚款,对单位直接负责的主管人员和其他直接责任人员处单位罚款数额百分之五以上百分之十以下的罚款;有违法所得的,并处没收违法所得;情节严重的,取消其一年至三年内参加依法必须进行招标的项目的投标资格并予以公告,直至由工商行政管理机关吊销营业执照。

第五十五条　依法必须进行招标的项目,招标人违反本法规定,与投标人就投标价格、投标方案等实质性内容进行谈判的,给予警告,对单位直接负责的主管人员和其他直接责任人员依法给予处分。

前款所列行为影响中标结果的,中标无效。

第五十六条　评标委员会成员收受投标人的财物或者其他好处的,评标委员会成员或者参加评标的有关工作人员向他人透露对投标文件的评审和比较、中标候选人的推荐以及与评标有关的其他情况的,给予警告,没收收受的财物,可以并处三千元以上五万元以下的罚款,对有所列违法行为的评标委员会成员取消担任评标委员会成员的资格,不得再参加任何依法必须进行招标的项目的评标;构成犯罪的,依法追究刑事责任。

第五十七条　招标人在评标委员会依法推荐的中标候选人以外确定中标人的,依法必须进行招标的项目在所有投标被评标委员会否决后自行确定中标人的,中标无效。责令改正,可以处中标项目金额千分之五以上千分之十以下的罚款;对单位直接负责的主管人员和其他直接责任人员依法给予处分。

第五十八条 中标人将中标项目转让给他人的,将中标项目肢解后分别转让给他人的,违反本法规定将中标项目的部分主体、关键性工作分包给他人的,或者分包人再次分包的,转让、分包无效,处转让、分包项目金额千分之五以上千分之十以下的罚款;有违法所得的,并处没收违法所得;可以责令停业整顿;情节严重的,由工商行政管理机关吊销营业执照。

第五十九条 招标人与中标人不按照招标文件和中标人的投标文件订立合同的,或者招标人、中标人订立背离合同实质性内容的协议的,责令改正;可以处中标项目金额千分之五以上千分之十以下的罚款。

第六十条 中标人不履行与招标人订立的合同的, 履约保证金不予退还,给招标人造成的损失超过履约保证金数额的, 还应当对超过部分予以赔偿;没有提交履约保证金的,应当对招标人的损失承担赔偿责任。

中标人不按照与招标人订立的合同履行义务,情节严重的,取消其二年至五年内参加依法必须进行招标的项目的投标资格并予以公告,直至由工商行政管理机关吊销营业执照。

因不可抗力不能履行合同的,不适用前两款规定。

第六十一条 本章规定的行政处罚,由国务院规定的有关行政监督部门决定。本法已对实施行政处罚的机关作出规定的除外。

第六十二条 任何单位违反本法规定,限制或者排斥本地区、本系统以外的法人或者其他组织参加投标的,为招标人指定招标代理机构的,强制招标人委托招标代理机构办理招标事宜的, 或者以其他方式干涉招标投标活动的,责令改正;对单位直接负责的主管人员和其他直接责任人员依法给予警告、记过、记大过的处分,情节较重的,依法给予降级、撤职、开除的处分。

个人利用职权进行前款违法行为的,依照前款规定追究责任。

第六十三条 对招标投标活动依法负有行政监督职责的国家机关工作人员徇私舞弊、滥用职权或者玩忽职守,构成犯罪的,依法追究刑事责任;不构成犯罪的,依法给予行政处分。

第六十四条 依法必须进行招标的项目违反本法规定,中标无效的,应当依照本法规定的中标条件从其余投标人中重新确定中标人或者依照本法重新进行招标。

第六章 附 则

第六十五条 投标人和其他利害关系人认为招标投标活动不符合本法有关规定的,有权向招标人提出异议或者依法向有关行政监督部门投诉。

第六十六条 涉及国家安全、国家秘密、抢险救灾或者属于利用扶贫资金实行以工代赈、需要使用农民工等特殊情况,不适宜进行招标的项目,按照国家有关规定可以不进行招标。

第六十七条 使用国际组织或者外国政府贷款、援助资金的项目进行招标,贷款方、资金提供方对招标投标的具体条件和程序有不同规定的,可以适用其规定,但违背中华人民共和国的社会公共利益的除外。

第六十八条 本法自 2000 年 1 月 1 日起施行。

附录 3 中华人民共和国招标投标法实施条例

(2011 年 12 月 20 日国务院令第 613 号公布，根据 2017 年 3 月 1 日国务院令第 676 号《国务院关于修改和废止部分行政法规的决定》第一次修订，根据 2018 年 3 月 19 日国务院令第 698 号《国务院关于修改和废止部分行政法规的决定》第二次修订，根据 2019 年 3 月 2 日国务院令第 709 号《国务院关于修改部分行政法规的决定》第三次修订)

第一章 总 则

第一条 为了规范招标投标活动，根据《中华人民共和国招标投标法》(以下简称招标投标法)，制定本条例。

第二条 招标投标法第三条所称工程建设项目，是指工程以及与工程建设有关的货物、服务。

前款所称工程，是指建设工程，包括建筑物和构筑物的新建、改建、扩建及其相关的装修、拆除、修缮等；所称与工程建设有关的货物，是指构成工程不可分割的组成部分，且为实现工程基本功能所必需的设备、材料等；所称与工程建设有关的服务，是指为完成工程所需的勘察、设计、监理等服务。

第三条 依法必须进行招标的工程建设项目的具体范围和规模标准，由国务院发展改革部门会同国务院有关部门制订，报国务院批准后公布施行。

第四条 国务院发展改革部门指导和协调全国招标投标工作，对国家重大建设项目的工程招标投标活动实施监督检查。国务院工业和信息化、住房城乡建设、交通运输、铁道、水利、商务等部门，按照规定的职责分工对有关招标投标活动实施监督。

县级以上地方人民政府发展改革部门指导和协调本行政区域的招标投标工作。县级以上地方人民政府有关部门按照规定的职责分工，对招标投标活动实施监督，依法查处招标投标活动中的违法行为。县级以上地方人民政府对其所属部门有关招标投标活动的监督职责分工另有规定的,从其规定。

财政部门依法对实行招标投标的政府采购工程建设项目的政府采购政策执行情况实施监督。

监察机关依法对与招标投标活动有关的监察对象实施监察。

第五条 设区的市级以上地方人民政府可以根据实际需要,建立统一规范的招标投标交易场所,为招标投标活动提供服务。招标投标交易场所不得与行政监督部门存在隶属关系,不得以营利为目的。

国家鼓励利用信息网络进行电子招标投标。

第六条 禁止国家工作人员以任何方式非法干涉招标投标活动。

第二章 招 标

第七条 按照国家有关规定需要履行项目审批、核准手续的依法必须进行招标的项目,其招标范围、招标方式、招标组织形式应当报项目审批、核准部门审批、核准。项目审批、核准部门应当及时将审批、核准确定的招标范围、招标方式、招标组织形式通报有关行政监督部门。

第八条 国有资金占控股或者主导地位的依法必须进行招标的项目,应当公开招标;但有下列情形之一的,可以邀请招标:

(一)技术复杂、有特殊要求或者受自然环境限制,只有少量潜在投标人可供选择;

(二)采用公开招标方式的费用占项目合同金额的比例过大。

有前款第二项所列情形,属于本条例第七条规定的项目,由项目审批、核准部门在审批、核准项目时作出认定;其他项目由招标人申请有关行政监督部门作出认定。

第九条 除招标投标法第六十六条规定的可以不进行招标的特殊情况外,有下列情形之一的,可以不进行招标:

(一)需要采用不可替代的专利或者专有技术;

(二)采购人依法能够自行建设、生产或者提供;

(三)已通过招标方式选定的特许经营项目投资人依法能够自行建设、生产或者提供；

（四）需要向原中标人采购工程、货物或者服务，否则将影响施工或者功能配套要求；

（五）国家规定的其他特殊情形。

招标人为适用前款规定弄虚作假的，属于招标投标法第四条规定的规避招标。

第十条 招标投标法第十二条第二款规定的招标人具有编制招标文件和组织评标能力，是指招标人具有与招标项目规模和复杂程度相适应的技术、经济等方面的专业人员。

第十一条 国务院住房城乡建设、商务、发展改革、工业和信息化等部门，按照规定的职责分工对招标代理机构依法实施监督管理。

第十二条 招标代理机构应当拥有一定数量的具备编制招标文件、组织评标等相应能力的专业人员。

第十三条 招标代理机构在招标人委托的范围内开展招标代理业务，任何单位和个人不得非法干涉。

招标代理机构代理招标业务，应当遵守招标投标法和本条例关于招标人的规定。招标代理机构不得在所代理的招标项目中投标或者代理投标，也不得为所代理的招标项目的投标人提供咨询。

第十四条 招标人应当与被委托的招标代理机构签订书面委托合同，合同约定的收费标准应当符合国家有关规定。

第十五条 公开招标的项目，应当依照招标投标法和本条例的规定发布招标公告、编制招标文件。

招标人采用资格预审办法对潜在投标人进行资格审查的，应当发布资格预审公告、编制资格预审文件。

依法必须进行招标的项目的资格预审公告和招标公告，应当在国务院发展改革部门依法指定的媒介发布。在不同媒介发布的同一招标项目的资格预审公告或者招标公告的内容应当一致。指定媒介发布依法必须进行招标的项目的境内资格预审公告、招标公告，不得收取费用。

编制依法必须进行招标的项目的资格预审文件和招标文件,应当使用国务院发展改革部门会同有关行政监督部门制定的标准文本。

第十六条 招标人应当按照资格预审公告、招标公告或者投标邀请书规定的时间、地点发售资格预审文件或者招标文件。资格预审文件或者招标文件的发售期不得少于 5 日。

招标人发售资格预审文件、招标文件收取的费用应当限于补偿印刷、邮寄的成本支出,不得以营利为目的。

第十七条 招标人应当合理确定提交资格预审申请文件的时间。依法必须进行招标的项目提交资格预审申请文件的时间, 自资格预审文件停止发售之日起不得少于 5 日。

第十八条 资格预审应当按照资格预审文件载明的标准和方法进行。

国有资金占控股或者主导地位的依法必须进行招标的项目,招标人应当组建资格审查委员会审查资格预审申请文件。资格审查委员会及其成员应当遵守招标投标法和本条例有关评标委员会及其成员的规定。

第十九条 资格预审结束后,招标人应当及时向资格预审申请人发出资格预审结果通知书。未通过资格预审的申请人不具有投标资格。

通过资格预审的申请人少于 3 个的,应当重新招标。

第二十条 招标人采用资格后审办法对投标人进行资格审查的,应当在开标后由评标委员会按照招标文件规定的标准和方法对投标人的资格进行审查。

第二十一条 招标人可以对已发出的资格预审文件或者招标文件进行必要的澄清或者修改。澄清或者修改的内容可能影响资格预审申请文件或者投标文件编制的,招标人应当在提交资格预审申请文件截止时间至少 3 日前,或者投标截止时间至少 15 日前, 以书面形式通知所有获取资格预审文件或者招标文件的潜在投标人;不足 3 日或者 15 日的,招标人应当顺延提交资格预审申请文件或者投标文件的截止时间。

第二十二条 潜在投标人或者其他利害关系人对资格预审文件有异议的,应当在提交资格预审申请文件截止时间 2 日前提出;对招标文件有异议的,应当在投标截止时间 10 日前提出。招标人应当自收到异议之日起 3 日内作出答复;作出答复前,应当暂停招标投标活动。

第二十三条 招标人编制的资格预审文件、招标文件的内容违反法律、行政法规的强制性规定,违反公开、公平、公正和诚实信用原则,影响资格预审结果或者潜在投标人投标的,依法必须进行招标的项目的招标人应当在修改资格预审文件或者招标文件后重新招标。

第二十四条 招标人对招标项目划分标段的,应当遵守招标投标法的有关规定,不得利用划分标段限制或者排斥潜在投标人。依法必须进行招标的项目的招标人不得利用划分标段规避招标。

第二十五条 招标人应当在招标文件中载明投标有效期。投标有效期从提交投标文件的截止之日起算。

第二十六条 招标人在招标文件中要求投标人提交投标保证金的,投标保证金不得超过招标项目估算价的 2%。投标保证金有效期应当与投标有效期一致。

依法必须进行招标的项目的境内投标单位,以现金或者支票形式提交的投标保证金应当从其基本账户转出。

招标人不得挪用投标保证金。

第二十七条 招标人可以自行决定是否编制标底。一个招标项目只能有一个标底。标底必须保密。

接受委托编制标底的中介机构不得参加受托编制标底项目的投标,也不得为该项目的投标人编制投标文件或者提供咨询。

招标人设有最高投标限价的,应当在招标文件中明确最高投标限价或者最高投标限价的计算方法。招标人不得规定最低投标限价。

第二十八条 招标人不得组织单个或者部分潜在投标人踏勘项目现场。

第二十九条 招标人可以依法对工程以及与工程建设有关的货物、服务全部或者部分实行总承包招标。以暂估价形式包括在总承包范围内的工程、货物、服务属于依法必须进行招标的项目范围且达到国家规定规模标准的,应当依法进行招标。

前款所称暂估价,是指总承包招标时不能确定价格而由招标人在招标文件中暂时估定的工程、货物、服务的金额。

　　第三十条　对技术复杂或者无法精确拟定技术规格的项目,招标人可以分两阶段进行招标。

　　第一阶段,投标人按照招标公告或者投标邀请书的要求提交不带报价的技术建议,招标人根据投标人提交的技术建议确定技术标准和要求,编制招标文件。

　　第二阶段,招标人向在第一阶段提交技术建议的投标人提供招标文件,投标人按照招标文件的要求提交包括最终技术方案和投标报价的投标文件。

　　招标人要求投标人提交投标保证金的,应当在第二阶段提出。

　　第三十一条　招标人终止招标的,应当及时发布公告,或者以书面形式通知被邀请的或者已经获取资格预审文件、招标文件的潜在投标人。已经发售资格预审文件、招标文件或者已经收取投标保证金的,招标人应当及时退还所收取的资格预审文件、招标文件的费用,以及所收取的投标保证金及银行同期存款利息。

　　第三十二条　招标人不得以不合理的条件限制、排斥潜在投标人或者投标人。

　　招标人有下列行为之一的,属于以不合理条件限制、排斥潜在投标人或者投标人:

　　(一)就同一招标项目向潜在投标人或者投标人提供有差别的项目信息;

　　(二)设定的资格、技术、商务条件与招标项目的具体特点和实际需要不相适应或者与合同履行无关;

　　(三)依法必须进行招标的项目以特定行政区域或者特定行业的业绩、奖项作为加分条件或者中标条件;

　　(四)对潜在投标人或者投标人采取不同的资格审查或者评标标准;

　　(五)限定或者指定特定的专利、商标、品牌、原产地或者供应商;

　　(六)依法必须进行招标的项目非法限定潜在投标人或者投标人的所有制形式或者组织形式;

　　(七)以其他不合理条件限制、排斥潜在投标人或者投标人。

第三章 投 标

第三十三条 投标人参加依法必须进行招标的项目的投标,不受地区或者部门的限制,任何单位和个人不得非法干涉。

第三十四条 与招标人存在利害关系可能影响招标公正性的法人、其他组织或者个人,不得参加投标。

单位负责人为同一人或者存在控股、管理关系的不同单位,不得参加同一标段投标或者未划分标段的同一招标项目投标。

违反前两款规定的,相关投标均无效。

第三十五条 投标人撤回已提交的投标文件,应当在投标截止时间前书面通知招标人。招标人已收取投标保证金的,应当自收到投标人书面撤回通知之日起5日内退还。

投标截止后投标人撤销投标文件的,招标人可以不退还投标保证金。

第三十六条 未通过资格预审的申请人提交的投标文件,以及逾期送达或者不按照招标文件要求密封的投标文件,招标人应当拒收。

招标人应当如实记载投标文件的送达时间和密封情况,并存档备查。

第三十七条 招标人应当在资格预审公告、招标公告或者投标邀请书中载明是否接受联合体投标。

招标人接受联合体投标并进行资格预审的,联合体应当在提交资格预审申请文件前组成。资格预审后联合体增减、更换成员的,其投标无效。

联合体各方在同一招标项目中以自己名义单独投标或者参加其他联合体投标的,相关投标均无效。

第三十八条 投标人发生合并、分立、破产等重大变化的,应当及时书面告知招标人。投标人不再具备资格预审文件、招标文件规定的资格条件或者其投标影响招标公正性的,其投标无效。

第三十九条 禁止投标人相互串通投标。

有下列情形之一的,属于投标人相互串通投标:

(一)投标人之间协商投标报价等投标文件的实质性内容;

（二）投标人之间约定中标人；

（三）投标人之间约定部分投标人放弃投标或者中标；

（四）属于同一集团、协会、商会等组织成员的投标人按照该组织要求协同投标；

（五）投标人之间为谋取中标或者排斥特定投标人而采取的其他联合行动。

第四十条 有下列情形之一的，视为投标人相互串通投标：

（一）不同投标人的投标文件由同一单位或者个人编制；

（二）不同投标人委托同一单位或者个人办理投标事宜；

（三）不同投标人的投标文件载明的项目管理成员为同一人；

（四）不同投标人的投标文件异常一致或者投标报价呈规律性差异；

（五）不同投标人的投标文件相互混装；

（六）不同投标人的投标保证金从同一单位或者个人的账户转出。

第四十一条 禁止招标人与投标人串通投标。

有下列情形之一的，属于招标人与投标人串通投标：

（一）招标人在开标前开启投标文件并将有关信息泄露给其他投标人；

（二）招标人直接或者间接向投标人泄露标底、评标委员会成员等信息；

（三）招标人明示或者暗示投标人压低或者抬高投标报价；

（四）招标人授意投标人撤换、修改投标文件；

（五）招标人明示或者暗示投标人为特定投标人中标提供方便；

（六）招标人与投标人为谋求特定投标人中标而采取的其他串通行为。

第四十二条 使用通过受让或者租借等方式获取的资格、资质证书投标的，属于招标投标法第三十三条规定的以他人名义投标。

投标人有下列情形之一的，属于招标投标法第三十三条规定的以其他方式弄虚作假的行为：

（一）使用伪造、变造的许可证件；

（二）提供虚假的财务状况或者业绩；

（三）提供虚假的项目负责人或者主要技术人员简历、劳动关系证明；

（四）提供虚假的信用状况；

（五）其他弄虚作假的行为。

第四十三条 提交资格预审申请文件的申请人应当遵守招标投标法和本条例有关投标人的规定。

第四章 开标、评标和中标

第四十四条 招标人应当按照招标文件规定的时间、地点开标。

投标人少于 3 个的,不得开标;招标人应当重新招标。

投标人对开标有异议的,应当在开标现场提出,招标人应当当场作出答复,并制作记录。

第四十五条 国家实行统一的评标专家专业分类标准和管理办法。具体标准和办法由国务院发展改革部门会同国务院有关部门制定。

省级人民政府和国务院有关部门应当组建综合评标专家库。

第四十六条 除招标投标法第三十七条第三款规定的特殊招标项目外,依法必须进行招标的项目,其评标委员会的专家成员应当从评标专家库内相关专业的专家名单中以随机抽取方式确定。任何单位和个人不得以明示、暗示等任何方式指定或者变相指定参加评标委员会的专家成员。

依法必须进行招标的项目的招标人非因招标投标法和本条例规定的事由,不得更换依法确定的评标委员会成员。更换评标委员会的专家成员应当依照前款规定进行。

评标委员会成员与投标人有利害关系的,应当主动回避。

有关行政监督部门应当按照规定的职责分工,对评标委员会成员的确定方式、评标专家的抽取和评标活动进行监督。行政监督部门的工作人员不得担任本部门负责监督项目的评标委员会成员。

第四十七条 招标投标法第三十七条第三款所称特殊招标项目,是指技术复杂、专业性强或者国家有特殊要求,采取随机抽取方式确定的专家难以保证胜任评标工作的项目。

第四十八条 招标人应当向评标委员会提供评标所必需的信息,但不得明示或者暗示其倾向或者排斥特定投标人。

招标人应当根据项目规模和技术复杂程度等因素合理确定评标时间。超过三分之一的评标委员会成员认为评标时间不够的,招标人应当适当延长。

评标过程中,评标委员会成员有回避事由、擅离职守或者因健康等原因不能继续评标的,应当及时更换。被更换的评标委员会成员作出的评审结论无效,由更换后的评标委员会成员重新进行评审。

第四十九条 评标委员会成员应当依照招标投标法和本条例的规定,按照招标文件规定的评标标准和方法,客观、公正地对投标文件提出评审意见。招标文件没有规定的评标标准和方法不得作为评标的依据。

评标委员会成员不得私下接触投标人,不得收受投标人给予的财物或者其他好处,不得向招标人征询确定中标人的意向,不得接受任何单位或者个人明示或者暗示提出的倾向或者排斥特定投标人的要求,不得有其他不客观、不公正履行职务的行为。

第五十条 招标项目设有标底的,招标人应当在开标时公布。标底只能作为评标的参考,不得以投标报价是否接近标底作为中标条件,也不得以投标报价超过标底上下浮动范围作为否决投标的条件。

第五十一条 有下列情形之一的,评标委员会应当否决其投标:

(一)投标文件未经投标单位盖章和单位负责人签字;

(二)投标联合体没有提交共同投标协议;

(三)投标人不符合国家或者招标文件规定的资格条件;

(四)同一投标人提交两个以上不同的投标文件或者投标报价,但招标文件要求提交备选投标的除外;

(五)投标报价低于成本或者高于招标文件设定的最高投标限价;

(六)投标文件没有对招标文件的实质性要求和条件作出响应;

(七)投标人有串通投标、弄虚作假、行贿等违法行为。

第五十二条 投标文件中有含义不明确的内容、明显文字或者计算错误,评标委员会认为需要投标人作出必要澄清、说明的,应当书面通知该投标人。投标人的澄清、说明应当采用书面形式,并不得超出投标文件的范围或者改变投标文件的实质性内容。

评标委员会不得暗示或者诱导投标人作出澄清、说明，不得接受投标人主动提出的澄清、说明。

第五十三条 评标完成后，评标委员会应当向招标人提交书面评标报告和中标候选人名单。中标候选人应当不超过 3 个，并标明排序。

评标报告应当由评标委员会全体成员签字。对评标结果有不同意见的评标委员会成员应当以书面形式说明其不同意见和理由，评标报告应当注明该不同意见。评标委员会成员拒绝在评标报告上签字又不书面说明其不同意见和理由的，视为同意评标结果。

第五十四条 依法必须进行招标的项目，招标人应当自收到评标报告之日起3 日内公示中标候选人，公示期不得少于 3 日。

投标人或者其他利害关系人对依法必须进行招标的项目的评标结果有异议的，应当在中标候选人公示期间提出。招标人应当自收到异议之日起 3 日内作出答复；作出答复前，应当暂停招标投标活动。

第五十五条 国有资金占控股或者主导地位的依法必须进行招标的项目，招标人应当确定排名第一的中标候选人为中标人。排名第一的中标候选人放弃中标、因不可抗力不能履行合同、不按照招标文件要求提交履约保证金，或者被查实存在影响中标结果的违法行为等情形，不符合中标条件的，招标人可以按照评标委员会提出的中标候选人名单排序依次确定其他中标候选人为中标人，也可以重新招标。

第五十六条 中标候选人的经营、财务状况发生较大变化或者存在违法行为，招标人认为可能影响其履约能力的，应当在发出中标通知书前由原评标委员会按照招标文件规定的标准和方法审查确认。

第五十七条 招标人和中标人应当依照招标投标法和本条例的规定签订书面合同，合同的标的、价款、质量、履行期限等主要条款应当与招标文件和中标人的投标文件的内容一致。招标人和中标人不得再行订立背离合同实质性内容的其他协议。

招标人最迟应当在书面合同签订后 5 日内向中标人和未中标的投标人退还投标保证金及银行同期存款利息。

第五十八条 招标文件要求中标人提交履约保证金的,中标人应当按照招标文件的要求提交。履约保证金不得超过中标合同金额的10%。

第五十九条 中标人应当按照合同约定履行义务,完成中标项目。中标人不得向他人转让中标项目,也不得将中标项目肢解后分别向他人转让。

中标人按照合同约定或者经招标人同意,可以将中标项目的部分非主体、非关键性工作分包给他人完成。接受分包的人应当具备相应的资格条件,并不得再次分包。

中标人应当就分包项目向招标人负责,接受分包的人就分包项目承担连带责任。

第五章 投诉与处理

第六十条 投标人或者其他利害关系人认为招标投标活动不符合法律、行政法规规定的,可以自知道或者应当知道之日起10日内向有关行政监督部门投诉。投诉应当有明确的请求和必要的证明材料。

就本条例第二十二条、第四十四条、第五十四条规定事项投诉的,应当先向招标人提出异议,异议答复期间不计算在前款规定的期限内。

第六十一条 投诉人就同一事项向两个以上有权受理的行政监督部门投诉的,由最先收到投诉的行政监督部门负责处理。

行政监督部门应当自收到投诉之日起3个工作日内决定是否受理投诉,并自受理投诉之日起30个工作日内作出书面处理决定;需要检验、检测、鉴定、专家评审的,所需时间不计算在内。

投诉人捏造事实、伪造材料或者以非法手段取得证明材料进行投诉的,行政监督部门应当予以驳回。

第六十二条 行政监督部门处理投诉,有权查阅、复制有关文件、资料,调查有关情况,相关单位和人员应当予以配合。必要时,行政监督部门可以责令暂停招标投标活动。

行政监督部门的工作人员对监督检查过程中知悉的国家秘密、商业秘密,应当依法予以保密。

第六章　法　律　责　任

第六十三条　招标人有下列限制或者排斥潜在投标人行为之一的,由有关行政监督部门依照招标投标法第五十一条的规定处罚:

(一)依法应当公开招标的项目不按照规定在指定媒介发布资格预审公告或者招标公告;

(二)在不同媒介发布的同一招标项目的资格预审公告或者招标公告的内容不一致,影响潜在投标人申请资格预审或者投标。

依法必须进行招标的项目的招标人不按照规定发布资格预审公告或者招标公告,构成规避招标的,依照招标投标法第四十九条的规定处罚。

第六十四条　招标人有下列情形之一的,由有关行政监督部门责令改正,可以处 10 万元以下的罚款:

(一)依法应当公开招标而采用邀请招标;

(二)招标文件、资格预审文件的发售、澄清、修改的时限,或者确定的提交资格预审申请文件、投标文件的时限不符合招标投标法和本条例规定;

(三)接受未通过资格预审的单位或者个人参加投标;

(四)接受应当拒收的投标文件。

招标人有前款第一项、第三项、第四项所列行为之一的,对单位直接负责的主管人员和其他直接责任人员依法给予处分。

第六十五条　招标代理机构在所代理的招标项目中投标、代理投标或者向该项目投标人提供咨询的,接受委托编制标底的中介机构参加受托编制标底项目的投标或者为该项目的投标人编制投标文件、提供咨询的,依照招标投标法第五十条的规定追究法律责任。

第六十六条　招标人超过本条例规定的比例收取投标保证金、履约保证金或者不按照规定退还投标保证金及银行同期存款利息的,由有关行政监督部门责令改正,可以处 5 万元以下的罚款;给他人造成损失的,依法承担赔偿责任。

第六十七条　投标人相互串通投标或者与招标人串通投标的,投标人向招标人或者评标委员会成员行贿谋取中标的,中标无效;构成犯罪的,依法追究刑事责任;尚不构成犯罪的,依照招标投标法第五十三条的规定处罚。投标人未中标的,对单位的罚款金额按照招标项目合同金额依照招标投标法规定的比例计算。

投标人有下列行为之一的,属于招标投标法第五十三条规定的情节严重行为,由有关行政监督部门取消其1年至2年内参加依法必须进行招标的项目的投标资格:

(一)以行贿谋取中标;

(二)3年内2次以上串通投标;

(三)串通投标行为损害招标人、其他投标人或者国家、集体、公民的合法利益,造成直接经济损失30万元以上;

(四)其他串通投标情节严重的行为。

投标人自本条第二款规定的处罚执行期限届满之日起3年内又有该款所列违法行为之一的,或者串通投标、以行贿谋取中标情节特别严重的,由工商行政管理机关吊销营业执照。

法律、行政法规对串通投标报价行为的处罚另有规定的,从其规定。

第六十八条 投标人以他人名义投标或者以其他方式弄虚作假骗取中标的,中标无效;构成犯罪的,依法追究刑事责任;尚不构成犯罪的,依照招标投标法第五十四条的规定处罚。依法必须进行招标的项目的投标人未中标的,对单位的罚款金额按照招标项目合同金额依照招标投标法规定的比例计算。

投标人有下列行为之一的,属于招标投标法第五十四条规定的情节严重行为,由有关行政监督部门取消其1年至3年内参加依法必须进行招标的项目的投标资格:

(一)伪造、变造资格、资质证书或者其他许可证件骗取中标;

(二)3年内2次以上使用他人名义投标;

(三)弄虚作假骗取中标给招标人造成直接经济损失30万元以上;

(四)其他弄虚作假骗取中标情节严重的行为。

投标人自本条第二款规定的处罚执行期限届满之日起3年内又有该款所列违法行为之一的,或者弄虚作假骗取中标情节特别严重的,由工商行政管理机关吊销营业执照。

第六十九条　出让或者出租资格、资质证书供他人投标的,依照法律、行政法规的规定给予行政处罚;构成犯罪的,依法追究刑事责任。

第七十条　依法必须进行招标的项目的招标人不按照规定组建评标委员会,或者确定、更换评标委员会成员违反招标投标法和本条例规定的,由有关行政监督部门责令改正,可以处 10 万元以下的罚款,对单位直接负责的主管人员和其他直接责任人员依法给予处分;违法确定或者更换的评标委员会成员作出的评审结论无效,依法重新进行评审。

国家工作人员以任何方式非法干涉选取评标委员会成员的,依照本条例第八十一条的规定追究法律责任。

第七十一条　评标委员会成员有下列行为之一的,由有关行政监督部门责令改正;情节严重的,禁止其在一定期限内参加依法必须进行招标的项目的评标;情节特别严重的,取消其担任评标委员会成员的资格:

(一)应当回避而不回避;

(二)擅离职守;

(三)不按照招标文件规定的评标标准和方法评标;

(四)私下接触投标人;

(五)向招标人征询确定中标人的意向或者接受任何单位或者个人明示或者暗示提出的倾向或者排斥特定投标人的要求;

(六)对依法应当否决的投标不提出否决意见;

(七)暗示或者诱导投标人作出澄清、说明或者接受投标人主动提出的澄清、说明;

(八)其他不客观、不公正履行职务的行为。

第七十二条　评标委员会成员收受投标人的财物或者其他好处的,没收收受的财物,处 3 000 元以上 5 万元以下的罚款,取消担任评标委员会成员的资格,不得再参加依法必须进行招标的项目的评标;构成犯罪的,依法追究刑事责任。

第七十三条　依法必须进行招标的项目的招标人有下列情形之一的,由有关行政监督部门责令改正,可以处中标项目金额 10‰以下的罚款;给他人造成损失的,依法承担赔偿责任;对单位直接负责的主管人员和其他直接责任人员依法给予处分：

（一）无正当理由不发出中标通知书；

（二）不按照规定确定中标人；

（三）中标通知书发出后无正当理由改变中标结果；

（四）无正当理由不与中标人订立合同；

（五）在订立合同时向中标人提出附加条件。

第七十四条 中标人无正当理由不与招标人订立合同，在签订合同时向招标人提出附加条件，或者不按照招标文件要求提交履约保证金的，取消其中标资格，投标保证金不予退还。对依法必须进行招标的项目的中标人，由有关行政监督部门责令改正，可以处中标项目金额10‰以下的罚款。

第七十五条 招标人和中标人不按照招标文件和中标人的投标文件订立合同，合同的主要条款与招标文件、中标人的投标文件的内容不一致，或者招标人、中标人订立背离合同实质性内容的协议的，由有关行政监督部门责令改正，可以处中标项目金额5‰以上 10‰以下的罚款。

第七十六条 中标人将中标项目转让给他人的，将中标项目肢解后分别转让给他人的，违反招标投标法和本条例规定将中标项目的部分主体、关键性工作分包给他人的，或者分包人再次分包的，转让、分包无效，处转让、分包项目金额 5‰以上 10‰以下的罚款；有违法所得的，并处没收违法所得；可以责令停业整顿；情节严重的，由工商行政管理机关吊销营业执照。

第七十七条 投标人或者其他利害关系人捏造事实、伪造材料或者以非法手段取得证明材料进行投诉，给他人造成损失的，依法承担赔偿责任。

招标人不按照规定对异议作出答复，继续进行招标投标活动的，由有关行政监督部门责令改正，拒不改正或者不能改正并影响中标结果的，依照本条例第八十一条的规定处理。

第七十八条 国家建立招标投标信用制度。有关行政监督部门应当依法公告对招标人、招标代理机构、投标人、评标委员会成员等当事人违法行为的行政处理决定。

第七十九条 项目审批、核准部门不依法审批、核准项目招标范围、招标方式、招标组织形式的,对单位直接负责的主管人员和其他直接责任人员依法给予处分。

有关行政监督部门不依法履行职责,对违反招标投标法和本条例规定的行为不依法查处,或者不按照规定处理投诉、不依法公告对招标投标当事人违法行为的行政处理决定的,对直接负责的主管人员和其他直接责任人员依法给予处分。

项目审批、核准部门和有关行政监督部门的工作人员徇私舞弊、滥用职权、玩忽职守,构成犯罪的,依法追究刑事责任。

第八十条 国家工作人员利用职务便利,以直接或者间接、明示或者暗示等任何方式非法干涉招标投标活动,有下列情形之一的,依法给予记过或者记大过处分;情节严重的,依法给予降级或者撤职处分;情节特别严重的,依法给予开除处分;构成犯罪的,依法追究刑事责任:

(一)要求对依法必须进行招标的项目不招标,或者要求对依法应当公开招标的项目不公开招标;

(二) 要求评标委员会成员或者招标人以其指定的投标人作为中标候选人或者中标人,或者以其他方式非法干涉评标活动,影响中标结果;

(三)以其他方式非法干涉招标投标活动。

第八十一条 依法必须进行招标的项目的招标投标活动违反招标投标法和本条例的规定,对中标结果造成实质性影响,且不能采取补救措施予以纠正的,招标、投标、中标无效,应当依法重新招标或者评标。

第七章 附 则

第八十二条 招标投标协会按照依法制定的章程开展活动,加强行业自律和服务。

第八十三条 政府采购的法律、行政法规对政府采购货物、服务的招标投标另有规定的,从其规定。

第八十四条 本条例自 2012 年 2 月 1 日起施行。

附录4　其他相关建设工程法律法规目录

1.《中华人民共和国民法典》(2020年5月28日第十三届全国人民代表大会第三次会议通过,自2021年1月1日起施行)

2.《必须招标的工程项目规定》(2018年3月8日国函〔2018〕56号《国务院关于〈必须招标的工程项目规定〉的批复》批准,2018年3月27日国家发展和改革委员会令第16号公布)

3.《工程建设项目申报材料增加招标内容和核准招标事项暂行规定》(2001年6月18日国家发展计划委员会令第9号公布,根据2013年3月11日国家发展和改革委员会等九部委令第23号修订)

4.《招标公告和公示信息发布管理办法》(2017年11月23日国家发展和改革委员会令第10号公布)

5.《工程建设项目自行招标试行办法》(2000年7月1日国家发展计划委员会令第5号公布,根据2013年3月11日国家发展和改革委员会等九部委令第23号修订)

6.《评标委员会和评标方法暂行规定》(2001年7月5日国家发展计划委员会、国家经济贸易委员会、建设部、铁道部、交通部、信息产业部、水利部令第12号公布,根据2013年3月11日国家发展和改革委员会等九部委令第23号修订)

7.《评标专家和评标专家库管理暂行办法》(2003年2月22日国家发展计划委员会令第29号公布,根据2013年3月11日国家发展和改革委员会等九部委令第23号修订)

8.《电子招标投标办法》(2013年2月4日国家发展和改革委员会、工业和信息化部、监察部、住房和城乡建设部、交通运输、铁道、水利、商务部令第20号公布)

9.《工程建设项目勘察设计招标投标办法》(2003年6月12日国家发展和改革委员会、建设部、铁道部、交通部、信息产业部、水利部、中国民用航空总局、国家广播电影电视总局令第2号公布,根据2013年3月11日国家发展和

改革委员会等九部委令第 23 号修订）

10.《工程建设项目施工招标投标办法》（2003 年 3 月 8 日国家发展计划委员会、建设部、铁道部、交通部、信息产业部、水利部、中国民用航空总局令第 30号公布,根据 2013 年 3 月 11 日国家发展和改革委员会等九部委令第 23 号修订）

11.《工程建设项目货物招标投标办法》（2005 年 1 月 18 日国家发展和改革委员会、建设部、铁道部、交通部、信息产业部、水利部、中国民用航空总局令第 27 号公布,根据 2013 年 3 月 11 日国家发展和改革委员会等九部委令第 23 号修订）

12.《建筑工程设计招标投标管理办法》（2017 年 1 月 24 日住房和城乡建设部令第 33 号公布）

13.《房屋建筑和市政基础设施工程施工招标投标管理办法》（2001 年 6 月1 日建设部令第 89 号公布，根据 2019 年 3 月 13 日中华人民共和国住房和城乡建设部令第 47 号《住房和城乡建设部关于修改部分部门规章的决定》第二次修正）

14.《标准施工招标资格预审文件》和《标准施工招标文件》暂行规定（2007年 11 月 1 日国家发展和改革委员会、财政部、建设部、铁道部、交通部、信息产业部、水利部、中国民用航空总局、国家广播电影电视总局令第 56 号公布,根据2013 年 3 月 11 日国家发展和改革委员会等九部委令第 23 号修订）

15.《工程建设项目招标投标活动投诉处理办法》（2004 年 6 月 21 日国家发展和改革委员会、建设部、铁道部、交通部、信息产业部、水利部、中国民用航空总局令第 11 号公布，根据 2013 年 3 月 11 日国家发展和改革委员会等九部委令第 23 号修订）

16.《必须招标的基础设施和公用事业项目范围规定》（发改法规规〔2018〕843 号,2018 年 6 月 6 日国家发展和改革委员会发布）

17.《最高人民法院关于审理建设工程施工合同纠纷案件适用法律问题的解释（一）》（法释〔2020〕25 号,2020 年 12 月 25 日最高人民法院审判委员会第1825 次会议通过）

18.《关于在招标投标活动中对失信被执行人实施联合惩戒的通知》（法

〔2016〕285 号,2016 年 8 月 30 日最高人民法院、国家发展和改革委员会、工业和信息化部、住房和城乡建设部、交通运输部、水利部、商务部、国家铁路局、中国民用航空局发布）